"十四五"普通高等教育本科精品系列教材

U0498117

土壤肥料学实验实习指导

▶ 主　编◎柳维扬　　王家强
▶ 副主编◎罗德芳　　夏文豪

西南财经大学出版社

中国·成都

图书在版编目(CIP)数据

土壤肥料学实验实习指导/柳维扬,王家强主编;
罗德芳,夏文豪副主编.--成都:西南财经大学出版社,
2024.7
ISBN 978-7-5504-6197-0

Ⅰ.①土…　Ⅱ.①柳…②王…③罗…④夏…　Ⅲ.①土壤
肥力—实验　Ⅳ.①S158-33

中国国家版本馆 CIP 数据核字(2024)第 099988 号

土壤肥料学实验实习指导

TURANG FEILIAOXUE SHIYAN SHIXI ZHIDAO

主　编　柳维扬　王家强
副主编　罗德芳　夏文豪

策划编辑:冯　梅
责任编辑:乔　雷
责任校对:余　尧
装帧设计:墨创文化　张姗姗
责任印制:朱曼丽

出版发行	西南财经大学出版社(四川省成都市光华村街55号)
网　　址	http://cbs.swufe.edu.cn
电子邮件	bookcj@swufe.edu.cn
邮政编码	610074
电　　话	028-87353785
照　　排	四川胜翔数码印务设计有限公司
印　　刷	郫县犀浦印刷厂
成品尺寸	185 mm×260 mm
印　　张	8.125
字　　数	159 千字
版　　次	2024 年 7 月第 1 版
印　　次	2024 年 7 月第 1 次印刷
书　　号	ISBN 978-7-5504-6197-0
定　　价	29.80 元

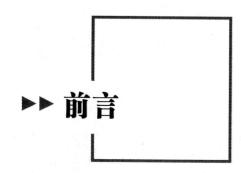

▶▶ 前言

党的二十大报告提出："教育、科技、人才是全面建设社会主义现代化国家的基础性、战略性支撑。必须坚持科技是第一生产力、人才是第一资源、创新是第一动力，深入实施科教兴国战略、人才强国战略、创新驱动发展战略，开辟发展新领域新赛道，不断塑造发展新动能新优势。"当前，应以党的二十大精神为指引，扎实推动高等教育创新发展。农业院校作为"三农"人才培育的主阵地和提供农业科技服务的生力军，要坚决扛起服务国家科技自立自强的使命担当，深入学习贯彻党的二十大精神，以实际行动争做强科技的参与者、强县域的排头兵和强农业的领跑员。

土壤肥料学是高等农业院校农学、园艺、植保、设施农业、林学、园林、种子科学与工程、草业科学、农药化肥等专业的一门专业基础课。本教材既可配合《土壤肥料学》教材使用，也可单独使用。本教材编写时注重培养学生进行土壤肥料化学分析的实际操作能力。同时，由于土壤肥料学的课程特殊性，本教材也重点培养学生掌握肥料形态特征的定性鉴定技术。

本书分别由柳维扬、王家强、罗德芳、夏文豪编写，由王家强负责统稿。全书包括两部分：第一部分为土壤与肥料分析，第二部分为土壤肥料学实践部分。第一部分包括实验一至附表及附件；第二部分包括实习一至实验（实习）报告的格式。其中，第一部分由柳维扬（实验一至实验四）、王家强（实验五至实验八）、夏文豪（实验九至附表及附件）编写；第二部分由罗德芳编写。

本教材在实习内容安排和选取上，在教学手段的运用上，均为初次尝试。热忱希望使用本教材的教师和同学提出宝贵意见。

▶▶ 内容提要

本教材是塔里木大学一流本科专业建设项目农业资源与环境专业（YLZYXJ202201）和土壤肥料学一流课程（TDYLKC202128）的建设成果，同时也是西北农业院校农学类专业的课程教材。

本教材着眼于培养学生的动手能力和解决实际问题的能力。内容上包括了土壤肥料分析及土壤肥料类型、肥料性状的观测，力图通过学生的动手实践，使之对土壤肥料的分析化验方法及土壤肥料的类型性状的鉴定有进一步的认识和理解。本教材主要内容包括两部分、17个实验和6个实习内容。实验内容包括：土壤样品的采集、制备与保存，土壤含水量、质地、比重、容重、孔隙度、田间持水量、吸附性能、酸度的测定，全氮、碱解氮、速效磷、速效钾、水溶性盐、肥料中氮磷钾及氮肥挥发量的测定；实习内容包括：土壤剖面的调查、土壤类型的判定、化学肥料的定性鉴定等内容。本教材与"土壤肥料学"课程教材配合使用。

本教材适宜作为农林类相关专业课程或教学参考书，亦可供相关专业人员阅读参考。

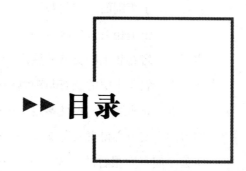

▶▶ 目录

实验室及实习基本知识

一、实验室规则

（1）爱护仪器，珍惜药品。注意保持药品的纯净，不要将取出的药品倒回原瓶，取出试剂后要立即盖好盖子，注意不要盖错盖子。药品用后放归原处。实验室内药品即便很纯（如食盐、糖等），也绝不可以尝试。仪器如有损坏要及时报告教师并登记，根据情节进行赔偿。

（2）保持室内整齐清洁，使实验有条不紊地进行。实验完毕后，应及时将仪器洗净，放回原处，清洁桌面，打扫卫生。

（3）保持严肃。不得随意走动及大声喧哗。绝对禁止在实验室内饮食和吸烟。

（4）节约水电，注意安全用电。用电时不得超过负荷，严禁随便使用不符合规格的保险丝。离开实验室时一定要关好门窗、水源、电源。

（5）切实注意实验室安全。做到四防：防火、防爆炸、防酸碱腐蚀、防触电。如遇意外事故，应立即报告指导老师。

二、安全措施

（1）一切有毒或恶臭味的实验，都应放在通气橱内进行。

（2）谨慎处理易燃和有毒物质，易燃品实验应在远离火源处进行。

（3）稀释浓酸（特别是 H_2SO_4）时，应将酸注入水中，切勿将水注入酸中，并不停搅拌使其混合均匀。使用酒精灯时，不能在燃烧的情况下补加酒精，以防止着火。浓碱、浓酸不能直接中和。

（4）倾注药剂和加热液体时，不要俯视容器，以防溅出。

（5）酸碱液体溅在脸上或手上时，应立即用清水冲洗。

① 酸灼伤时，水洗后用 2% 的 $NaHCO_3$ 或稀 NH_3 水淋洗，然后再用清水冲洗。

② 碱灼伤时，水洗后用 1% 的 HAc 溶液或 H_3BO_4 溶液、$H_2C_2O_4$ 溶液冲洗，然后再用清水冲洗。

（6）如遇烫伤，不要用水洗涤伤口，灼伤处可用棉花蘸浓 $KMnO_4$ 溶液涂擦，或用防毒护伤药膏涂伤口、包扎。

（7）如遇到割伤或撞伤时，用碘酒或红汞涂擦并包扎。

（8）遇到严重烫伤、损伤等，应立即就医治疗。

（9）如遇酒精、苯、乙醚着火，应立即用沙子扑灭。

（10）使用自来水的过程中发现停水时必须随手关闭水龙头；离开时必须检查并关上水龙头。

（11）废药、废液、废土及滤纸等应倒入废液缸，不得倒入水槽内，以免堵塞和腐蚀管道。

三、野外实习期间相关要求

（一）野外实习安全责任制

班长、团支书负责本班同学的安全保卫工作，安排和协调各小组的有关事宜。组长在出发前负责检查同学所带物品是否齐全，清点人数并上报实习领导小组。组长在路途中负责召集本组或本班同学，在实习中负责与实习老师联系并及时收取野外记录簿。野外实习实行组长负责制，有问题应及时向有关老师反映。

所有参加实习的学生必须填写野外实习保证书，保证认真阅读野外实习要求，遵守野外实习纪律，并承担违反实习纪律所导致的一切后果。野外实习保证书填写完毕、签名后交给实习负责人保管。

（二）野外实习纪律与规定

1. 实习纪律与要求

（1）事先查阅实习地点的资料，了解实习目的和实习内容。

（2）在实习地点认真听讲，做好实习记录，实习记录要每天经各组指导教师签字验收。

（3）实习期间不许随便离开考察地点，同组人员要相互合作，不允许离队离组；如遇特殊情况要离队，必须向老师请假，经批准后方可离队。

（4）在考察车上不允许高声喧哗，座位一旦固定，不得随便更换，以方便清点人数；下车时要检查自己的东西，不要遗失；在途中不要擅自下车，如因购物等需要下车必须向组长报告并结伴而行，不要远离考察地点。

（5）实习期间要服从教学安排，按时休息和乘车。严格按照要求按时归队，并按顺序上车，注意交通安全；不要随意横穿公路；按时早餐，避免耽误发车时间，影响集体活动；乘车时不要拥挤，并主动给女同学和体弱者让座；等车时，不要远离等车地点，以免延误乘车和就餐。

（6）到实习地点考察时，不要到有危险的地方，如危崖下、沟边、水边等，防止发生意外事故；野外实习过程中，特别是登山过程中，不要嬉笑打闹，以免滑倒或受伤，在路边观看地质地貌时注意来往的机动车辆，保证人身安全。

（7）在旅游景点考察时，不要随意与小商贩讨价还价，避免发生不必要的纠纷。

（8）实习时每天必须携带工具包、罗盘仪、地质锤、放大镜、图件、记录本、铅笔和橡皮等，便于测量、记录和采样等。保管好相关图件，如有丢失，按学校保密规定处罚。

（9）要遵守大学生的行为规范，实习期间严禁谈情说爱；在各景点拍照，要等老师讲解结束后才能进行，不能把实习当成游山玩水。

（10）各班级和小组要相对集中，一切行动听指挥。班干部及组长沿途做好组织带领工作，时刻注意同学们的生命及财产安全。

（11）在路途中遇到紧急情况，应立即向带队老师报告，并采取应急措施。

（12）要注意防盗和人身安全。途中应注意个人安全，不可轻信路人，如果遇到特殊困难，可以打电话向实习带队老师咨询或求助。

2. 处理办法

野外实习期间，所有同学必须严格遵守实习的有关规定，不得随意出走或探亲访友，不得私自外出活动，严格服从有关管理规定，妥善保管图件资料。

（1）必须按时参加野外实习，对于无故不参加野外实习者，按情节给予通报批评、记过或取消实习资格处分。必须提前2天返校，并参加实习前的集中学习。

（2）实习期间因病或其他原因不能参加实习者，须事先写书面请假条，由带班实习老师签字后，交带队老师审批，同意后方可准假（班干部无权批假）。如果请假时间达到实习总时间的25%，则取消实习资格，次年自费进行重修。

（3）不许私自外出活动。确有必要外出，应征得带队老师同意后，集体组织并按时返回，否则根据情节轻重给予通报批评，直至记过处分，后果自负。

（4）应严格按照学校有关规定保管好图件等保密资料，遗失者给予严重警告处分。

（5）野外实习期间应尊重当地风俗，不与当地群众发生纠纷。爱护他人劳动成果，不采摘瓜果，不踩踏庄稼。违反者根据情节轻重给予批评教育，直至记过处分，造成损失的要给予赔偿。

（6）爱护实习地点的公共设施和环境，不与实习地点的职工和群众发生摩擦。有意见向组长和老师反映，协调解决，避免发生过激言行。

（7）实习期间注意节约用水、用电，严禁违章用电。如发现违章用电，按《学生管理规程》的有关规定处理。

（8）对不听指挥、违反实习管理规定者给予适当处分，情节严重者取消实习成绩。

第一部分

土壤与肥料分析

实验一　土壤分析样品采集与制备

一、实验目的

开展土壤科学实验，合理用土和改土，除了进行野外调查和鉴定土壤基础性状外，还要进行必要的室内常规分析测定。要获得可靠的科学数据，首先要正确地进行土壤样品（简称土样）的采集和制备。土样分析误差一般来自采样、分样和分析三个过程，而采样误差往往大于分析误差，如果采样缺乏代表性和典型性，即使室内分析人员的测定技术再熟练，分析仪器的精度再高，测定的数据再准确，也难以如实反映土壤的实际情况。本实验的目的就是学习如何正确采集和制备土样。

二、实验方法与步骤

（一）土样采集

1. 采样方法

采样方法因测定目的而异。剖面土样或盐碱土样需要分层采集，了解土壤肥力状况需要采集混合土样。混合土样多用于耕层土壤的化学分析，一般根据不同的土壤类型和土壤肥力状况，按地块分别采集混合土样。

（1）采样点应避免田边、路旁、沟侧、粪坑以及一些特殊的地形部位。

（2）一般选取 20~50 亩（1 亩 ≈ 667 平方米）的地块采集一个混合样，可根据实际情况酌情增加样品数量。

（3）采样深度一般以耕层（0 cm~20 cm）地表土为宜，取样点不少于 5 点。可用土钻或铁铲取样，特殊的微量元素分析改用竹片或塑料工具取样以防污染。

（4）每点取样深度和数量应相当，集中放入一土袋中，最后充分混匀碾碎，用四分法取对角二组，其余淘汰掉。混合土样重量以 0.5 kg~1 kg 为宜。

（5）采样线路通常采用棋盘式、对角线和蛇形（见图 1-1、图 1-2、图 1-3）。

（6）装好袋后，系好内外标签，标签上注明采样地点、采样深度、作物前茬、施肥水平、采集人和采样日期，带回室内风干处理。

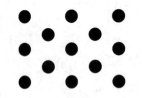

图 1-1 棋盘式采样示意图

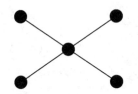

图 2-2 对角线采样示意图

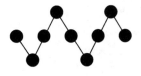

图 1-3 蛇形采样示意图

2. 土样的采集

（1）混合土样的采集。

以指导生产或进行田间试验为目的的土壤分析，一般都采集混合土样。采集土样时首先考虑土壤类型以及土壤的差异情况，同时也要向农民征求意见，然后把地块划分成若干个采样区，每个采样区称为采样单元。每一个采样单元的土壤要尽可能均匀一致。一个采样单元需要包括多大面积的土地，由于分析目的的不同，具体要求也不尽相同。每个采样单元再根据面积大小分成若干小单元，每个小单元的面积越小，则样品的代表性越可靠。但是面积越小，采样花的精力就越大，分析工作量也越大。

土壤的不均一性致使不同土体都存在着一定程度的变异。因此，采集样品必须遵循一定的采样路线和"随机"多点混合的原则。每个采样单元的样点数，一般为 5~10 点或 11~20 点，可视土壤差异和面积大小适当增减，但不宜少于 5 点。混合土样一般采集耕层土壤（0 cm~20 cm 或 21 cm~40 cm）；有时为了了解各土种肥力差异和自然肥力变化趋势，可适当地采集底土（20 cm~30 cm 或 31 cm~60 cm）的混合样品。

采集混合样品的要求：

①每一点采取的土样厚度、深浅、宽狭应大体一致。

②各点都是随机选取。在田间观察、了解情况后，随机定点可以避免主观误差，提高样品的代表性，一般按S形线路采样，因为耕作、施肥等操作往往顺着一定的方向进行。

③采样地点应避免田边、路边、沟边和特殊地形的部位以及堆积肥料的地方。

④一个混合样品由均匀一致的许多点组成，各点的差异不能太大，否则就要根据土壤差异情况分别采集几个混合土样，使分析结果更有说服力。

⑤一个混合样品的质量在1 kg左右，用"四分法"弃去多余土样，附上标签，用铅笔注明采样地点、采样深度、采样日期、采样人，标签一式两份，一份放在袋里，一份扣在袋上。与此同时，要做好采样记录。

（2）试验田土样的采集。

首先，找一个肥力比较均匀的土壤，使试验中的各个"处理"尽可能地少受土壤不均一性的干扰。肥料试验的目的是要明确推广的范围，因此必须知道试验是布置在什么性质的土壤上。其次，在布置肥料试验时所采集的土壤样品，通常只采集表土。试验田的取样，不仅在于了解土壤的一般肥力情况，还要能更好地了解土壤肥力差异情况，这就要求采样单元的面积不能太大。

（3）大田土样的采样。

对土壤肥力进行诊断时，先要调查访问，了解土壤、地形、作物生长、耕作施肥等情况，再拟定采样计划。就一个乡来讲，土壤类型、地形部位、作物布局等都可能有所不同，确定采样区（采样单元）后，再采集混合土样。村的面积较小，土壤种类、地形等比较一致，群众常根据作物产量的高低，把自己的田块分成上、中、下三类，可以作为村土壤采样的依据。

（4）水田土样的采集。

水稻生长期间，在地表淹水情况下采集土样，要注意地面要平，只有这样采样深度才能一致，否则会因为土层深浅的不同而使表土速效养分含量产生差异。一般可用具有刻度的管形取土器采集土样，将管形取土器（土钻）垂直钻到一定深度的土层，取出土钻时，上层水即流走，剩下潮湿土壤，装入塑料袋中，多点取样，组成混合样品，其采样原则与混合样品采集原则相同。

（5）特殊土样的采集。

①剖面土样的采集。

为了研究土壤基本理化性状，除了研究表层土外，还需要经常研究表土以下的各层土壤。这种剖面土样的采集方法，一般可在主要剖面观察和记载后进行。需要指出，土壤剖面按层次采样时，必须自下而上（这与剖面划分、观察和记载正好相反）分层采取，以免采取上层样品时对下层的土壤造成污染。为了使样品能明显地反映各层的特点，通常是在各层最典型的中部取样（表土层较薄，可自地面向下全层采样），这样可克服层次间的过渡部分，从而增加样品的典型性或代表性。样品质量也是 1 kg 左右，其他要求与混合样品相同。

②土壤盐分动态样品的采集。

盐碱土中盐分的变化比土壤养分含量的变化还要大。土壤盐分分析不仅要了解土壤中盐分的多少，还要了解盐分的变化情况。盐分的差异性是有关盐碱土的重要资料。在此情况下，就不能采用混合样品。

盐碱土中盐分的变化在垂直方向更为明显。由于淋洗作用和蒸发作用，土壤剖面中的盐分随季节变化很大，而且不同类型的盐土，其盐分在剖面中的分布又不一样。如南方滨海盐土，底土含盐量较重，而内陆次生盐渍土，盐分一般都积聚在表层。根据盐分在土壤剖面中的变化规律，应分层采取土样。

分层采集土样，不必按发生层次采样，而是自地表起每隔 10 cm 或 20 cm 采集一个土样，取样方法多用"段取"，即在该取样层内，自上而下、整层地均匀取土，这样有利于计算储盐量。研究盐分在土壤剖面中分布的特点时，则多用"点取"，即在该取样层的中部位置取土。根据盐土取样的特点，应特别重视采样的时间和深度，因为盐分上下移动受不同时间的淋溶与蒸发作用影响很大。虽然土壤养分分析的采样也要考虑采样季节和采样时间，但其影响远不如对盐碱土的影响那样大。鉴于花碱土碱斑分布的特殊性，必须增加采样点的密度和采样点的随机分布，或将这种碱斑占整块田地面积的百分比估计出来，按比例分配斑块上应取的样点数，组成混合样品；也可以将这种斑块另外组成一个混合样品，与正常地段土壤进行比较。

③养分动态变化测定实验土样的采集。

为研究土壤养分的动态而进行土壤采样时，可根据研究的要求进行布点采样。例如，为研究过磷酸钙在某种土壤中的移动性，前述土壤混合样品的采法显然是不合适的。如果过磷酸钙是以条状集中施肥的，为研究其水平移动距离，则应以施肥沟为中心，在沟的一侧或左右两侧按水平方向每隔一定距离，将同一深度所取的相同位置土样进行多点混合。同样，在研究其垂直移动距离时，应以施肥为起点，向下每隔一定距离作为样点，以相同深度土样组成混合土样。

（6）其他特殊土样的采集。

群众经常送来有问题的植株和土壤，要求我们分析和诊断。这类植株和土壤大多是因为某些营养元素不足，包括微量元素，或酸碱问题，或存在某种有毒物质，或土中水分过多，或底土层有坚硬不透水层存在等。为了查明作物生长不正常的土壤原因，就要采集典型土壤样品。在采集典型土壤样品时，应同时采集正常的土壤样品，植株样品也是如此，以便进行比较。在这种情况下，不仅要采集表土样品，而且要采集底土样品。

测定土壤微量元素的土样采集，采样工具包括不锈钢土钻、土刀、塑料布、塑料袋等，忌用报纸包土样，以防污染。

3. 采集土样的工具

采样方法随采样工具而不同。常用的采样工具有 3 种类型：小土铲、管形土钻和普通土钻。

（1）小土铲。

小土铲用于在切割的土面上根据采土深度用土铲采集上下一致的一个薄片。这种土铲在任何情况下都可使用，但比较费工，多点混合采样时，往往嫌它费力而不用。

（2）管形土钻。

管形土钻下部系一圆柱形开口钢管，上部系柄架，根据工作需要可采用不同管径的土钻。将土钻钻入土中，在一定土层深度处，取出一均匀土柱。管形土钻取土速度快，又少混杂，特别适用于大面积多点混合样品的采集。但它不太适用于采集砂性土壤，或干硬的黏重土壤。

（3）普通土钻。

普通土钻使用起来比较方便，一般只适用于采集湿润土壤，不适用于干土，也不适用于砂土采集。另外，普通土钻的缺点是容易使土壤混杂。

用普通土钻采取的土样，分析结果往往比其他工具采取的土样要低，特别是有机质、有效养分等的分析结果较为明显。这是因为用普通土钻取样，容易损失一部分表层土样。由于表层土较干，容易掉落，而表层土的有机养分、有机质的含量又较高。

不同取土工具带来的差异主要是由上下土体不一致造成的。这也说明采样时应注意采土深度，上下土体应保持一致。

（二）土样制备

土样制备过程中的要求：

（1）土样处理过程中，理论上不能发生任何物理变化和化学变化，以免造成分析误差。

（2）土样要均一化，使测定结果能代表整个土壤和田间状态。

（3）土样制备过程包括：风干—分选—去杂—磨碎—过筛—混匀—装样—保存—登记。

风干——将取回的土样放在通风、干燥和无阳光直射的地方，或摊放在油布、牛皮纸、塑料布上，尽可能铺平并把大土块捏碎，以便快速风干。

分选——若取的土样太多，可在土样匀摊开后，用"四分法"去掉一部分（见图1-4），留下300 g~500 g供分析用。

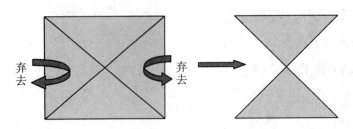

图1-4 土样分取"四分法"示意图

去杂、磨碎和过筛——将风干后的土样先用台秤称出总质量，然后将土样倒在橡皮垫上，碾碎土块，并用镊子尽可能挑出样品中的石砾、新生体、侵入体、植物根等杂质，分别放入表面皿或其他容器中；将土样铺平，用木棒轻轻碾压，将碾碎的土壤用带有盖和底盘的1 mm筛孔全部过筛（过筛时要盖好盖，防止细土飞扬）。不能过筛的部分，去杂、铺开、再次碾压过筛，直至所有的土壤全部过筛，只剩下石砾和新鲜有机物质为止。一般化学分析常用通过1mm的筛孔的样品（样品通过多大筛孔应依不同分析要求而定）。但必须指出，进行土壤pH值、交换性能、速效养分等测定时，样品不能研磨得太细，太细容易破坏土壤矿物晶粒，使分析结果偏高。在进行土壤有机质，土壤全氮、全磷、全钾养分分析时需选取通过0.25 mm孔径的土样。

同时要注意，土壤研细主要使团粒或结构颗粒破碎，这些结构颗粒是由土壤黏土矿物或腐殖质胶结起来的，而不能破坏单个的矿物晶粒。因此，研碎土样时，只能用木棍滚压，不能用榔头捶打。因为晶粒破坏后，暴露出新的表面，会增加有效养分的溶解。将小于1mm的土样和挑选出的石砾、新生体分别称重，记载样品处理结果填入表1-1。

表1-1 土壤组成成分统计表

项目	风干土样总质量/g	>1 mm石砾粗砂量/g	<1 mm土粒质量/g	新生体质量/g	植物根质量/g	其他/g
占风干土样比例/%						

混匀、装样——将筛过的土壤全部倒在干净的纸上，充分混匀后装入500~1 000 mL磨口瓶中保存。每个样品瓶上应贴两个标签，大标签贴在瓶盖上。书写标签用HB铅笔或黑墨水自来水笔，并在外面涂上一薄层石蜡，以供长期保存。

保存、登记——大量样品必须编号，建立样品总账，放在干燥的地方，按一定顺序排列保存。样品登记记录在总账时，应详细记载剖面号数、采样详细地点、采样人、处理日期以及石砾、新生体含量等，以便随时查询。

作业思考题：

1. 在采集土样过程中，为什么要强调土样的代表性、典型性，这与室内分析数据可靠性有何关系？

2. 土壤样品制备包括哪些过程，你认为哪一个过程最重要？

实验二　土壤含水量的测定

（烘干法、酒精燃烧法）

一、风干土样吸湿水含量的测定

（一）实验目的

风干土样仍保持有一定的水分，其数量由大气的相对湿度和土壤组成决定。土样的各项分析测定结果都要以无水的干土为计算基础，即以占烘干土质量的百分数表示，而不以风干土为计算基础，因为风干土的含水量因土壤组成不同而差异很大，难以相互比较。因此，分析测定的土样，必须测定其吸湿水含量。

土壤中的吸湿水含量测定是在 105℃～110℃ 的温度下，将土壤中的水汽化去除，使土壤成为无水的干土。如温度过高，虽然所需时间短，但会使土壤中的某些成分（如有机质和碳酸盐等）挥发掉，使结果偏高；温度过低，则难以除净吸湿水。

（二）仪器、工具

铁锹、花铲、折尺、土钻、土袋、标签、牛皮纸、台秤、镊子、表面皿、广口瓶、橡皮垫、木棒、分析天平、小铝盒、称量皿、坩埚钳、烘箱、干燥器。

（三）测定方法及步骤

在分析天平上称取风干土样（5 g～10 g）两份，分别放入已知质量的小铝盒或称量皿中，称量时将盖子盖上；放入烘箱内，将盖打开斜放在旁边或盒底。调节烘箱温度至 105℃～110℃，连续烘烤 8 h（烘烤期间不要随意打开烘箱，以免影响烘箱内温度，使土壤产生吸湿现象，影响最后的实验结果）。8 h 后打开烘箱，用坩埚钳将盖子盖好，迅速放入干燥器内冷却，至室温后称重。然后再打开盖，重新放入烘箱内，继续烘烤 2 h，取出→冷却→称重。两次称重达到恒重（即两次称重相差不超过 0.003 g）即可；如未达恒重，则需反复烘烤，直至恒重。然后按最后一次称重，计算其吸湿水含量（占干土重的百分数，准确至小数点后两位）。

二、土壤自然含水量的测定

（一）实验目的

土壤墒情用来表示土壤水分含量状况，是土壤肥力因素之一。土壤墒情好坏不仅影响土壤的物理、化学和生物化学的变化过程，而且直接影响土壤肥力、耕作性状和作物的生长发育。因此，需要及时进行土壤墒情监测，了解土壤水分含量和补给状况，以便采取相应措施调节土壤墒情，满足作物生长的要求。

（二）土壤含水量的测定——烘干法

1. 测定方法要点

将从田间取回的土样，置于105℃±2℃的烘箱中烘至恒重，求出土壤失水质量占烘干土样质量的百分数。

2. 主要仪器

土钻、小刀、铝盒、台秤、恒温干燥箱、干燥器（内盛无水 $CaCl_2$ 或变色硅胶）。

3. 操作步骤

在田间用土钻钻取有代表性的土样，用小刀刮去钻中浮土，挖取土钻中部土样 20 g 左右，迅速装入已知质量（W_1）的铝盒（直径 45 mm，高 30 mm）中，盖好盒盖，装入木箱（注意铝盒不可倒置，以免样品撒落），带回室内，在天平上称重（W_2），每个样品至少重复测 3 份。将打开盖子的铝盒（盖子放在铝盒旁侧）放在105℃±2℃的恒温干燥箱中烘 6h 后，盖好盖子，置铝盒于干燥器中 30min 左右，冷却至室温，称重。如无干燥器，亦可将盖好的铝盒放在磁盘中，待到不太烫手时称重。然后打开盒盖再烘 3h，冷却，称重（W_3）。土样含水量高时，前后两次称重相差不得超过 0.05 g；含水量中等或低时（或砂土），不得大于 0.03 g。土壤含水量测定记录见表 2-1。

表 2-1　土壤含水量测定记录　　　　　　　　　　单位：g

重复	I	II
称量皿或铝盒号		
（1）称量皿质量（W_1）		
（2）称量皿+风干土质量（W_2）		
（3）烘后第一次称重（W_3）		
（4）烘后第二次称重（W_4）		
（5）烘后第三次称重（W_5）		
土壤吸湿水% =（W_2-W_5）×100/（W_5-W_1）		

4. 结果计算

$$新鲜土样含水量 = \frac{W_2 - W_3}{W_3 - W_1} \times 100\%$$

（2-1）

式中，W_1——铝盒质量（g）；

W_2——铝盒+湿土样品质量（g）；

W_3——铝盒+烘干土样品质量（g）。

最后，根据测定结果，结合实际，判断土壤墒情是否适耕、适播，或根据作物发育阶段和表层土壤（0 cm~20 cm）、底层土壤（21 cm~50 cm）、深层土壤（51 cm~100 cm）墒的含量与补给情况，以确定调节墒情的措施。土壤水分含量测定记录见表2-2。

表2-2 土壤水分含量测定记录

深度/cm	铝盒号	①铝盒质量/g	②铝盒质量+湿土质量/g	③铝盒质量+烘后土质量/g		④干土质量/g	⑤水分质量/g	⑥含水量/%	备注
				第一次	第二次				

注：①在砂土地区如遇到因土干、土钻取不出土样时，在表层20~30cm处也可以先用土铲或铁锹直接挖穴分层取土，然后在原穴上用土钻取20~30cm以下的土样；

②在钻孔中要防止杂土混入，每钻都要除去混入的杂土；

③同一取样深度内如有两种质地，应分别记录取样；

④在缺乏电源和烘箱设备时，也可以用其他方法代替，如酒精灼烧法、铁锅炒干法等，可以因地制宜，就地取材，但对精确度则有一定影响。

（三）酒精燃烧法

1. 方法原理

利用酒精和水能相互溶解以及酒精易燃烧的特点，加酒精于供试土样中，使其中所含水分浸出，而后利用酒精燃烧作用及燃烧所产生的热来蒸发它。根据烧前的土样质量及燃烧后所损失的质量计算土壤水分含量。

2. 测定步骤

（1）称取湿土10~15 g，放入已知质量的蒸发皿中（准确至0.01 g）。注意勿将大的植物根、石砾等杂物混入。

（2）用滴管滴入酒精，充分湿润土壤，直至蒸发皿中呈现自由液面为止。将蒸发皿底轻轻在桌上敲击1 min（砂土15 s即可）。

（3）点燃酒精，待土面发白后，用玻璃棒徐徐搅拌，燃烧至火焰熄灭（将粘附在玻璃棒上的土粒仔细刮回皿中）。

（4）冷却1 min后，重新滴入酒精，点燃，重复2~3次。最后一次火焰熄灭后，稍冷却，立即称重。

3. 结果计算

$$土壤含水量 = \frac{W_2 - W_3}{W_3 - W_1} \times 100\% \qquad (2-2)$$

式中，W_1——铝盒质量（g）；

W_2——铝盒+湿土样品质量（g）；

W_3——铝盒+烘干土样品质量（g）。

作业思考题：

1. 为什么要测定吸湿水？测定原理和方法是什么？

2. 吸湿水包括哪几种水分形态？计算当地土壤吸湿水含量。

3. 根据测定数据计算自然土壤含水量。

4. 根据土壤含水量分析土壤墒情对土壤耕作、播种及作物生长是否适宜？

实验三　土壤质地的测定

（比重计法，简易手测判断）

一、实验目的和实验意义

土壤质地是指土壤中各级大小不同的土粒所占的比例。质地不同，土壤理化性质不同，对土壤水分、养分、空气、吸附性和作物生长的影响也不同，土壤质地影响着耕作的难易程度和质量。因此，测定土壤质地在农业生产上具有重要意义。

为确定土壤质地而进行土壤颗粒分析的常用方法有吸管法、比重计法等。本实验介绍比重计法。

二、实验原理

将一定数量的土壤经过介质分散处理以后，制成均匀的悬浊液，此时任何位置均含等量的各粒径的微粒。开始一段时间，由于微粒大小不同，在重力作用下受到反向的阻力和浮力作用作加速运动。根据司笃克斯定律，颗粒沉降的速度（V）与半径的平方（r^2）成正比，即

$$V = \frac{2}{9}r^2 g \frac{d_1 - d_2}{\eta} \tag{3-1}$$

式中，V——半径为 r 的颗粒在介质中沉降的速度（cm/s）；

$\quad\quad g$——物体自由落体时的重力加速度（980cm/s）；

$\quad\quad r$——沉降颗粒的半径（cm^2）；

$\quad\quad d_1$——沉降颗粒的密度（g/cm）；

$\quad\quad d_2$——介质的密度（g/cm）；

$\quad\quad \eta$——介质的黏质系数（g/cm·s）。

一定时间后，在一定温度下阻力与浮力之和等于重力后，颗粒便开始做匀速运动，运动速度 $V=S/T$（S 为沉降距离，T 为沉降时间），

$$T = V/S \tag{3-2}$$

由式 3-2 可知，颗粒大小与沉降的距离呈正相关。一定时间内，大颗粒移动的距离长，小颗粒移动的距离短，随着时间的延长，颗粒逐渐下沉，上层颗粒逐渐变少，

单位体积内的颗粒数变少，密度就变小。根据不同的沉降时间，测出密度的相差（相当于一定粒径颗粒的沉降值），就能计算出各粒级颗粒量占土壤重量的百分比，从而得出该土壤质地。

测量液体密度所用的仪器是一种特制的比量计，读数是表示 1 000mL 溶液中悬浮土粒的克数，它是根据悬浮液密度与土粒重量的关系制成的，不必再计算。

此方法是根据司笃克斯公式，先算出在不同温度下，各粒径的土粒沉降一定深度所需要的时间（表3-1），然后在不同时间用比重计测定出各粒径的含量。此法快速简便，精度比标准吸管法差，但对于一般性了解土壤质地来说，可靠性较大。

表3-1 土壤比重计温度校正表

温度/℃	校正值	温度/℃	校正值	温度/℃	校正值
6.0~8.5	-2.2	18.5	-0.4	26.5	+2.2
9.0~9.5	-2.1	19.0	-0.3	27.0	+2.5
10.0~10.5	-2.0	19.5	-0.1	27.5	+2.6
11.0	-1.9	20.0	0	28.0	+2.9
11.5~12.0	-1.8	20.5	+0.15	28.5	+3.1
12.5	-1.7	21.0	+0.3	29.0	+3.3
13.0	-1.6	21.5	+0.45	29.5	+3.5
13.5	-1.5	22.0	+0.6	30.0	+3.7
14.0~14.5	-1.4	22.5	+0.8	30.5	+3.8
15.0	-1.2	23.0	+0.9	31.0	+4.0
15.5	-1.1	23.5	+1.1	31.5	+4.2
16.0	-1.0	24.0	+1.3	32.0	+4.6
16.5	-0.9	24.5	+1.5	32.5	+4.9
17.0	-0.8	25.0	+1.7	33.0	+5.2
17.5	-0.7	25.5	+1.9	33.5	+5.5
18.0	-0.5	26.0	+2.1	34.0	+5.8

1. 土样的分散处理

田间土壤往往是由许多大小不同的土粒相互胶结在一起形成的成团聚体，必须加以分散处理，使其成单粒状态，才能进行测定。一般常用的分散剂为：0.5mol/L 的 $1/2Na_2C_2O_4$ 溶液（中性土壤）、0.5mol/L 的 NaOH 溶液（酸性土壤）、0.5mol/L 的 $1/6(NaPO_3)_6$（六偏磷酸钠）溶液（碱性土壤）。本试验中预先测定土壤偏碱性，采用 $(NaPO_3)_6$ 作为分散剂，处理上述土壤的使其分散。为了分散完全，除加分散剂外，还必须对土样加以研磨或煮沸振荡。为便于操作，本实验采用煮沸法。

2. 筛分和悬液制备

将分散过的土壤中直径大于 0.25mm 的土粒用筛分法分离；直径小于 0.25mm 的土粒则制成一定容积的悬液进行沉降分离。

3. 沉降与测定

将土壤比重计放入悬浮液，测其密度，再由悬浮液密度计算出各级土粒的重量。

悬浮液密度与土粒重量的关系如下：

$$悬浮液密度 = \frac{水重 + 土重}{水体积 + 土体积};$$

$$d_s = \frac{(v - \frac{w}{d_2})d_1 + w}{v};$$

$$(3-3)$$

$$d_s = \frac{(vd_1 - \frac{wd_1}{d_2})d_1 - w}{v};$$

$$d_s = d_1 + \frac{w}{v}(1 - \frac{d_1}{d_2})$$

式中，d_s——悬液密度；

d_1——水的密度（20℃时为 0.993 8）；

d_2——土粒的密度（假定为 2.65）；

w——悬液中土粒的重量；

v——悬液的容积（1 000mL）。

测出悬液密度后，可用上式计算出悬浮土粒的重量。土壤比重计就是据此关系，使每刻度表示每升悬浮液中有 1 g 土粒。因此，可直接读出土粒重量，不必再计算。

4. 温度的校正

土壤比重计的刻度是以 20℃为准的，但测定时悬浮液温度不一定是 20℃。由于温度的不同影响土粒的沉降速度，每次测定悬浮液密度后，还须测定悬浮液的温度，计算温度校正值，温度校正值可由表 3-1 查出，由此可计算出实测数值。

三、仪器和药剂配制

(一) 仪器

蒸发皿；1 000mL 沉降筒；搅动杆；0.25mm 土壤筛；15~18cm 大漏斗；甲种比重计；100℃温度计；50mL 小烧杯；橡皮头；玻璃；洗瓶；角匙；1/1 000 天平；25mL

移液管。

（二）药剂配制

（1）软水制备方法：为每 3 000 mL 水加 8.5 g Na_2CO_3 或视水硬度而定。

（2）0.5 mol/L 1/6 $(NaPO_3)_6$ 溶液：称取 51 g 六偏磷酸钠 $[(NaPO_3)_6]$（化学纯），加蒸馏水溶解后，定容至 1 000 mL，摇匀。

四、操作步骤

（1）用台秤称取风干土 50 g，放入 250mL 三角瓶中，加入 0.5mol/L 1/6 $(NaPO_3)_6$ 60mL，并加蒸馏水约 200mL 后摇匀。

（2）将三角瓶内的土样摇匀，煮沸 0.5h，应注意随时摇动，以免土液溢出；防止土粒沉积瓶底结成硬块或烧焦，既影响分散，又可能使瓶底因受热不匀而发生破裂。

（3）在 1L 量筒上架置漏斗，漏斗上放 0.25mm 筛孔的小筛，把分散的土液倒入，然后用水冲洗筛上土粒，使所有直径小于 0.25mm 的土粒通过筛孔进入量筒。每次用水不宜太多，以免最后水量超过 1 000mL。

（4）用洗瓶将留在筛上的砂粒洗入已知重量的水分皿或扁铝盒中，倒出过多的水，放入 105℃~110℃烘箱中，烘至恒重。

（5）用搅拌器在悬液全部深度内上下搅动，将量筒中土液搅匀后测其温度，查表 3-1 所列温度、时间和粒径的关系，根据所测液体温度和待测的土粒最大直径值选定比重计读数时间。

（6）用特制的搅动杆，上下缓慢均匀地搅动悬液 1min（务必使筒底之土粒全部搅起，上下各约 30 次）后计时到了选定时间（提前 30s 将比重计轻轻插入悬液），读取数值，然后轻轻拿出比重计，至另一选定时间读取另一粒级数值，读取完后取出比重计洗净、擦干、保存。依次测得 0.05mm、0.01mm、0.005mm、0.001mm 以下列粒级重量，得到表 3-2。

表 3-2　小于某粒径颗粒沉降时间表

温度/℃	土粒直径/mm											
	<0.05			< 0.01			< 0.005			< 0.001		
	h	min	s	h	min	s	h	min	s	h	min	s
10		1	18		35		2	25		48		
11		1	15		34		2	25		48		
12		1	12		33		2	20		48		
13		1	10		32		2	15		48		

表3-2(续)

温度/℃	土粒直径/mm											
	<0.05			< 0.01			< 0.005			< 0.001		
	h	min	s	h	min	s	h	min	s	h	min	s
14		1	10		31		2	15		48		
15		1	8		30		2	15		48		
16		1	6		29		2	5		48		
17		1	5		28		2	0		48		
18		1	2		27	30	1	55		48		
19		1	0		27		1	55		48		
20			58		26		1	50		48		
21			56		26		1	50		48		
22			55		25		1	50		48		
23			54		24	30	1	45		48		
24			54		24		1	45		48		
25			53		23	30	1	40		48		
26			51		23		1	35		48		
27			50		22		1	35		48		
28			48		21	30	1	30		48		
29			46		21		1	20		48		
30			45		20		1	30		48		
31			45		19	30	1	25		48		
32			45		19		1	25		48		
33			44		19		1	20		48		
34			44		18	30	1	20		48		
35			42		18		1	20		48		
36			42		18		1	15		48		
37			40		17	30	1	15		48		

五、结果计算

（1）分别列出下列粒级重量。

测定<0.05mm 土粒重量（假设比重计读数为 a′）；

测定<0.01mm 土粒重量（假设比重计读数为 b′）；

测定<0.005mm 土粒重量（假设比重计读数为 c'）；

测定<0.001mm 土粒重量（假设比重计读数为 d'）；

在另一个 1 000mL 的沉降筒加入 60mL 0.5mol/L 1/6（NaPO₃）₆溶液并加水至刻度，测定空白（分散剂校正值）。

（2）对比重计读数进行校正计算。

$$校正后的读数 = 原读数 - 空白值 + 温度校正值 \qquad (3-4)$$

设校正后各粒级比重计的读数分别为 a、b、c、d。

（3）将 50 g 风干土换算成干土重。

按下式计算各粒级的百分数，然后根据土壤质地分类表确定质地名称。

$$<0.001mm \ 粒级百分比 = （d/烘干土重）×100\% \qquad (3-5)$$

$$0.001~0.005（不含）mm \ 粒级百分比 = （c-d/烘干土重）×100\% \qquad (3-6)$$

$$0.005~0.01（不含）mm \ 粒级\%百分比 = （b-c/烘干土重）×100\% \qquad (3-7)$$

$$0.01~0.05（不含）mm \ 粒级百分比 = （a-b/烘干土重）×100\% \qquad (3-8)$$

$$0.25~1mm \ 粒级百分比 = （1-0.25mm \ 粒重/烘干土重）×100\% \qquad (3-9)$$

$$0.05~0.25（不含）mm \ 粒级百分比 = 100\% - （①+②+③+④+⑤） \qquad (3-10)$$

将比重计读数和温度测定的结果，记入表3-3至表3-5并计算出各级土粒的百分比。

表 3-3　1~0.25mm 土粒

重复	水分皿或铝盒号	（1）水分皿或铝盒重/g	（2）铝盒+土粒重/g	（3）1~0.25mm土粒重/g（2）-（1）	（4）1～0.25mm土粒百分比=$\frac{（3）}{无水土样重}$×100%
Ⅰ					
Ⅱ					

表 3-4　< 0.25mm 各级土粒的总和百分比

项目	（一）		（二）		（三）		（四）	
粒径/mm	< 0.05		< 0.01		< 0.005		< 0.001	
重复	Ⅰ	Ⅱ	Ⅰ	Ⅱ	Ⅰ	Ⅱ	Ⅰ	Ⅱ
读数								
温度/℃								
读度Δγ								
总合/%								

注：Δγ 为温度校正值。

表 3-5　各级土粒百分比

粒径/mm	1~0.25	0.25(不含)~0.05	0.05(不含)~0.01	0.01(不含)~0.005	0.005(不含)~0.001	< 0.001
Ⅰ						
Ⅱ						
平均						
计算方法	同表3-3(4)	100-表3-3(4)-表3-4(一)	表3-4(一)-表3-4(二)	表3-4(二)-表3-4(三)	表3-4(三)-表3-4(四)	表3-4(四)

六、注意事项

（1）本试验所用比重计为"头重脚轻"的玻璃器具，使用时应该特别小心，拿取时应握住其底部。

（2）每测完一个粒级，须将比重计拿出，以免影响颗粒沉降。

（3）搅动杆搅动时，不要让其露出液面，以减少空气的进入。

（4）观看比重计读数时，因表面张力使水沿玻杆上升形成弯月面的悬液面，读数无法以悬液面为准，只能读弯月面上缘。

作业思考题：

1. 用比重计测定土壤颗粒的原理是什么？

2. 每次测定悬浮液密度，必须同时测定其温度并计算温度校正值，为什么？

3. 用比重计法测定土壤颗粒分布，应注意哪些问题？

4. 根据测定结果，认定土壤属于何种质地？试分析该土壤的土壤肥力状况。

附：室内土壤质地手测法练习（适用于野外粗测土壤质地）

一、实验目的

土壤质地是指土壤中各粒级土粒的配合比例或各粒级土粒在土壤总质量中所占的百分数，又叫土壤的"机械组成"。土壤质地对土壤肥力、耕性和植物生长有着极其深刻的影响。土壤质地是土壤重要的基本性状之一，也是土壤形态学特征的一个主要内容。在土壤调查中，质地是观察和描述土壤剖面不可缺少的项目之一。

沙性土一般含粗土粒多，细土粒较少，疏松，大孔隙较多，易耕，通气透水性良好，属于暖性土，但保水保肥性弱，养分贫乏，发小苗不发老苗。黏性土（黏土、重壤土）则相反，黏粒多砂粒少，土质黏重，耕性不良，通气透水性差，属于冷性土，但保水保肥性强，养分含量丰富，有后劲，发老苗不发小苗。由此可见，过砂过黏的土壤均属于不良质地的土壤，应不断加以改良才能适宜农作物的生长发育要求。壤性土（中壤土、轻壤土），砂黏比例适中，克服了砂性土和黏性土的缺点，发挥了二者优势，属于良好的土壤质地。壤性土的特点是通气透水、保水保肥、养分适中、耕性良好等，是农业生产上较为理想的土壤质地。

土壤质地在室内可用比重计法或吸管法进行测定，对土壤质地的分析又叫作机械分析。而一般在生产上（如在田间）常利用"眼看手摸"的办法进行快速简便的土壤质地测定，这是一种经验性的估测方法，准确性较差，但一般能满足生产上的要求，很实用，如能熟练掌握亦可获得较好结果。

二、实验方法及步骤

（一）先摸已知土壤质地样品（已鉴定过的各种质地名称）

按"先看后摸，先砂后黏，先干后湿"的三先三后顺序进行实验。

"先看后摸"即先目测然后用手摸各种已知土壤质地土粒的粗细、有无坷垃存在、坷垃多少及硬软情况。质地粗者不能成坷垃，越细者坷垃数量越多，坷垃的硬度越大。可以用手捏住坷垃，以用力大小鉴定土坷垃硬度的大小。

"先砂后黏"即上述过程按由粗到细顺序进行，细心体会土粒间的手感。其方法是用手捏住不同质地的土粒，来回摩擦，体验手感的粗糙程度和发声的大小，一般粗者声响大、粗糙感强而滑感弱，质地黏者，则相反。

"先干后湿"按粗细→干摸→细心体会手感→将不同质地加适量水调湿（注意加水量不能过多或过少，手感呈似粘手又不粘手状态为最佳）→按搓成球→成条→成环形的顺序进行，最后将环压偏成土片，根据指纹是否明显加以综合判断。

各种土壤质地手测鉴定标准如下：

1. 砂土

用眼能分辨出砂土的土粒颗粒大小，手感粗、均匀、无滑感、无塑性，加水后揉不成球。一般细砂土以上的土壤质地，其中某些原生矿物成分（如石英）可辨认，可见到云母片发出的光泽。

2. 砂壤土

砂壤土手感较粗，砂性强，湿润后有微弱的塑性，可搓成小球，但球面有裂口，不平，易散碎。

3. 轻壤土

轻壤土有少量干土块，易捏碎，稍有塑性，可揉成直径为3mm的小条，易断成小段。

4. 中壤土

中壤土中的干土块稍多，较硬，塑性较明显，可揉成小条，搓成 2~3mm 的小圆球时易断裂。

5. 重壤土

重壤土中的干土块增多，较硬，塑性明显，手感黏、湿，可搓成小条，弯成小圆环，压缩后会产生裂口。

6. 黏土

黏土中的干土块多，坚硬，用手指难以捏碎，湿摸手感黏、滑，可搓成小条，弯成小圆环，压偏后无裂口，指纹明显。

（二）练习鉴定未知土壤质地样品

在以上反复练习已知样品基础上，对各种质地的土壤手感有一定的熟悉，将未知质地土壤样品以同样方法反复练习，判断出未知样品的土壤质地名称。

作业思考题：

1. 把未知土壤质地样品鉴定结果在卡钦斯基制土壤质地分类中作相应查找。

2. 分析其中两种土壤质地的农业生产性状。

实验四　土壤有机质的测定

（重铬酸钾容量法——外加热法）

有机质是土壤的重要组成部分，其含量虽少，但对土壤肥力上的贡献却很大，它不仅含有各种营养元素，而且还是微生物生命活动的能源。土壤有机质对土壤中水、肥、气、热等各种肥力因素起着重要的调节作用，对土壤结构、耕性也有重要影响。因此，土壤有机质含量是评价土壤肥力的重要指标之一，是经常需要分析的项目。

一、实验方法

测定土壤有机质的方法很多，有重量法、滴定法和比色法等。重量法包括古老的干烧法和湿烧法，此法对于不含碳酸盐的土壤测定结果准确，但由于此方法要求特殊的仪器设备，操作烦琐、费时间，因此一般不作为例行方法来应用。滴定法中最广泛使用的是重铬酸钾氧化还原滴定法，该法不需要特殊的仪器设备，操作简便、快速，测定不受土壤中碳酸盐的干扰，测定的结果也很准确。

二、实验原理

重铬酸钾氧化还原滴定法根据加热的方式不同又可分为外热源法（Schollenberger法）和稀释热法（Walkley-Baclk 法）。前者操作不如后者简便，但有机质的氧化比较完全（是干烧法的 90%~95%）；后者操作较简便，但有机质氧化程度较低（是干烧法的 70%~86%），而且测定受室温的影响大。比色法是将被土壤还原成 Cr^{3+} 的绿色或在测定中观察氧化剂 $Cr_2O_7^{2-}$ 橙色的深浅变化。这种方法的测定结果准确性较差。

重铬酸钾氧化还原滴定法测定土壤有机质，实际上测得的是"可氧化的有机碳"，所以在结果计算时要乘以一个将有机碳换算为有机质的换算因数。换算因数随土壤有机质的含碳率而定，各地土壤有机质的组成不同，含碳率亦不一致，如果都用同一换算因数，势必会产生一些误差，但是为了便于各地资料的相互比较和交流，统一使用一个公认的换算因数还是有必要的。目前国际上仍然一致沿用古老的所谓"Van Bemmelen"因数即 1.724，这是假设土壤有机质含碳量为 58% 计算出来的。

1. 重铬酸钾容量法原理

在外加热的条件下（油浴的温度为 180℃，沸腾 5min），用一定浓度的重铬酸钾-硫酸溶液氧化土壤有机质（碳），剩余的重铬酸钾用硫酸亚铁滴定，从所消耗的重铬酸钾量计算有机碳含量。与干烧法对比，本方法只能氧化 90% 的有机碳。因此，将得到的有机碳乘以校正系数 1.1，以计算有机碳量。在氧化滴定过程中化学反应如下：

$$2K_2Cr_2O_7 + 8H_2SO_4 + 3C \rightarrow 2K_2SO_4 + 2Cr_2(SO_4)_3 + 3CO_2 + 8H_2O$$

$$K_2Cr_2O_7 + 6FeSO_4 \rightarrow K_2SO_4 + Cr_2(SO_4)_3 + 3Fe_2(SO_4)_3 + 7H_2O$$

2. 试剂配制

（1）0.8mol/L $\frac{1}{6}K_2Cr_2O_7$ 标准溶液。称取经 130℃ 烘干的重铬酸钾（$K_2Cr_2O_7$，分析纯）39.224 5 g 溶于水中，定容于 1 000 mL 容量瓶中。

标定方法：吸取 10mL $K_2Cr_2O_7$-H_2SO_4 溶液放入 250mL 三角瓶中，加水 50mL 及邻菲罗啉指示剂 2 滴，用 0.2mol/L $FeSO_4$ 标准溶液滴定。计算 $K_2Cr_2O_7$-H_2SO_4 溶液的浓度 $c\left[\text{mol/L}(\frac{1}{6}K_2Cr_2O_7)\right]$。

（2）浓硫酸（H_2SO_4，分析纯）。

（3）0.2mol/L $FeSO_4$ 标准溶液。称 56 g $FeSO_4 \cdot 7H_2O$ 或 80 g $(NH_4)_2SO_4 \cdot FeSO_4 \cdot 6H_2O$ 溶于 60mL 3mol/L H_2SO_4 中，然后加水至 1L。

标定方法：准确称取经 130℃ 烘 2~3h 的 $K_2Cr_2O_7$（二级）约 1 g，溶于水中，定容至 100mL。吸取此液 20mL 放入三角瓶中，加入 10mL 3mol/L H_2SO_4 及 2 滴邻菲罗啉指示剂，用 $FeSO_4$ 溶液滴定之，计算 $FeSO_4$ 溶液的浓度 c（mol/L $FeSO_4$）。由于 Fe^{2+} 溶液的浓度容易改变，用时必须当天标定。

（4）邻菲罗啉指示剂。将 1.49 g 邻菲罗啉（$C_{12}H_8N_2$）和 0.70 g $FeSO_4 \cdot 7H_2O$ [或 1.0 g $(NH)_2SO_4 \cdot FeSO_4 \cdot 6H_2O$] 溶于 100mL 水中，贮于棕色瓶内。

（5）硫酸银（Ag_2SO_4，分析纯），研成粉末。

（6）二氧化硅（SiO_2，分析纯），粉末状。

（7）固体石蜡。

三、操作步骤

（1）称取通过 0.25mm 筛孔的风干土样 0.1~0.5 g（精确到 0.000 1 g），放入一干燥的硬质试管中，用移液管准确加入 0.8mol/L $\frac{1}{6}K_2Cr_2O_7$ 标准溶液 5mL（如果土壤中含有氯化物需先加入 0.1 g Ag_2SO_4），用移液管加入 5mL 浓 H_2SO_4 充分摇匀，管口盖上弯颈小漏斗，以冷凝蒸出的水汽。

（2）将 8~10 个试管放入自动控温的铝块管座中（试管内的液温控制在约 170℃），或将 8~10 个试管盛于铁丝笼中（每笼中均有 1~2 个空白试管），放入温度为 185℃~190℃的石蜡油浴锅中，要求放入后油浴锅温度下降至 170℃~180℃，以后必须控制电炉，使油浴锅内温度始终维持在 170℃~180℃，待试管内液体沸腾发生气泡时开始计时，煮沸 5 min，取出试管（用油浴法，稍冷，擦净试管外部油液）。

（3）冷却后，将试管内容物倾入 250mL 三角瓶中，用水洗净试管内部及小漏斗，三角瓶内溶液总体积为 60~70mL，保持混合液中 1/2 H_2SO_4 浓度为 2~3 mol/L，然后加入邻菲罗啉指示剂 2~3 滴，用标准的 0.2 mol/L 硫酸亚铁滴定，滴定过程中不断摇动内容物，直至溶液的颜色由橙黄→蓝绿→砖红色，即为终点。记取 $FeSO_4$ 滴定毫升数（V）。

（4）每一批（即上述每铁丝笼或铝块中）样品测定的同时，进行 2~3 个空白试验，即取 0.500 g 粉状二氧化硅代替土样，其他手续与试样测定相同。记取 $FeSO_4$ 滴定毫升数（V_0），取其平均值。

$$有机碳（g/kg）= \frac{N(V_0 - V) \times 0.003}{m} \times 1\,000 \qquad (4-1)$$

四、结果计算

$$有机质（g/kg）= 有机碳（g/kg）\times 1.724 \times 1.1 \qquad (4-2)$$

式中，V_0——空白标定时所消耗 $FeSO_4$ 标准液的体积（mL）；

V——土壤测定时所消耗 $FeSO_4$ 标准液的体积（mL）；

N——$FeSO_4$ 标准溶液的浓度（mol/L $FeSO_4$）；

0.003——1/4 C 的摩尔质量（kg/mol）；

1.724——由有机碳换算为有机质的因数；

f——氧化校正系数（此法为 1.1）；

m——风干土样质量（g），如以干基表示应扣除样品中的水分的质量。

平行测定结果用算术平均值表示，保留三位有效数字。

二次平行测定结果的允许差：土壤有机质含量小于 3% 时为 0.05%；3%~8% 时为 0.10%~0.30%。

五、注意事项

（1）含有机质高于 50 g/kg 者，称土样 0.1 g，含有机质高于 20~30 g/kg 者，称土样 0.3 g，少于 20 g/kg 者，称土样 0.5 g 以上。由于称样量少，称样时应用减重法以减少称样误差。

（2）土壤中氯化物的存在可导致结果偏高。因为氯化物也能被重铬酸钾所氧化，因此，盐土中有机质的测定必须防止氯化物的干扰。少量氯可加少量 Ag_2SO_4，使氯根沉淀下来（生成 AgCl）。Ag_2SO_4 的加入，不仅能沉淀氯化物，而且有促进有机质分解。据研究，当使用 Ag_2SO_4 时，校正系数为 1.04；不使用 Ag_2SO_4 时，校正系数为 1.1。Ag_2SO_4 的用量不能太多，约加 0.1 g，否则会生成 $Ag_2Cr_2O_7$ 沉淀，影响滴定。

（3）必须在试管内溶液沸腾或有大气泡生成时才开始计算时间。沸腾的标准应尽量一致，继续煮沸的 5min 也应尽量读记准确。

（4）最好不采用植物油，因为植物油可被重铬酸钾氧化，可能带来误差。而矿物油或石蜡对测定无影响。当气温很低时，油浴锅预热温度应高一些（约 200℃）。铁丝笼应该有脚，使试管不与油浴锅底部接触。

（5）用矿物油虽对测定无影响，但空气污染较为严重，最好采用铝块（有试管孔座的）加热自动控温的方法来代替油浴法。

（6）观察煮好的溶液颜色，一般应是黄色或黄中稍带绿色，如果以绿色为主，则说明重铬酸钾用量不足。在滴定时消耗硫酸亚铁量小于空白用量的 1/3 时，有氧化不完全的可能，应弃去重做。

作业思考题：

1. 比较用外热源法和稀释热法测定土壤有机质的优缺点和应用范围及条件。

2. 土壤有机质含量不同对土壤肥力有什么影响？

3. 如何消除测定过程中 Cl^-、Fe^{2+} 的干扰及氧化不完全等问题？

4. 测定时应注意的事项是什么？

实验五　土壤密度（比重）、土壤容重及孔隙度的测定
（比重瓶法、环刀法）

一、土壤密度（比重）

（一）测定目的

土壤比重（又称为真比重），是指单位体积土壤固体物质的质量（不包括土壤空气和水分）与同容积水的质量之比，土壤比重是计算孔隙度的基础。

（二）测定方法——称重法

（1）原理：将已知重量的土壤放入液体中，完全除去空气部分后，求出由土壤固相换算出的液体的体积，以土壤固相质量除以液体质量，即得比重。

（2）操作过程。

①称取等量风干土2份（一般为5~10 g）计算成无水土壤重。

②取25mL或50mL比重瓶2个，分别加入煮沸过的蒸馏水至满，放入水槽冷却至室温，再加满除气水，盖上瓶盖，使过多的水由塞中心小孔溢出，擦干比重瓶外面的水，称重。

③把比重瓶的水倒出2/3左右，将已称好的土样加入瓶中，煮沸5~7min（不加盖），不断摇动以除去土壤中的空气，但不要使悬液流出。煮沸后冷至室温，加满水以除气水，盖好盖称重。

（三）结果计算

$$ds = \frac{g}{g + g_1 - g_2} \tag{5-1}$$

式中，ds——土壤比重；

　　g——烘干土重（g）；

　　g_1——装满水的比重瓶质量（g）；

　　g_2——装入土壤+水+比重瓶的质量（g）。

土粒密度（比重）计算记录表见表5-1。

表 5-1　土粒密度（比重）计算记录表

重复	I	II
烘干土的重量/g		
加满水的比重瓶重/g		
盛土及水的比重瓶重/g		
土壤比重		

（四）仪器、工具

比重瓶，天平，皮头滴管，烧杯，热源。

二、土壤容重的测定

（一）测定目的

土壤容重（又称为假比重）用来表示单位体积上原状土壤的固体质量，是衡量土壤松紧状况的指标。土壤容重是土壤质地、结构、孔隙等物理性状的综合反映。因此，土壤容重与土壤松紧及孔隙度关系见表 5-2。

表 5-2　土壤容重与土壤松紧及孔隙度关系

松紧度	容重/g·mL^{-1}	孔隙度/%
最松	< 1.00	> 60
松	1.00~1.14	60~56
合适	1.14~1.26	56~52
稍紧	1.26~1.30	52~50
紧	> 1.30	< 50

土壤过松、过紧均不适宜作物的生长发育。过松跑墒，作物根扎不牢；过紧透水透气不良。土壤容重不是固定不变的，尤其是土壤表层的土壤容重常常因自然条件和人为措施而改变。土壤容重不仅能反映土壤或土层之间物理性状的差异，而且是计算土壤孔隙度、土壤容积含水量和一定体积内土壤重量等不可缺少的基本参数。

（二）仪器、工具

容重采土器、折尺、剖面刀、铁锹、小木槌、小木板、烘箱、台秤。

（三）测定方法——环刀法

1. 实验原理

土壤容重的单位为 kg/L 或 g/mL。测定时将一定容积的采土器（金属圆筒）插入土壤中采取土样，经烘干（105℃~110℃，6~8 h）后求出干土质量，由采土器的容积算出单位容积的干土质量。

2. 操作过程

将采样点的表土铲平，在土壤的垂直剖面上，分层平稳地打入环刀（可在套环上垫一木板，直接敲击木板），切勿左右摇晃和倾斜，以免改变土壤的原来状况，待环刀全部进入土壤后，用铁铲挖去环刀四周的土壤，取出环刀，小心褪出环刀一端的安全钢环（不可搅动采土器内的土壤）。然后用小刀削平环刀两端的土壤，使土壤容积一定。（在整个操作中，如发现环刀内土壤亏缺或松动，应弃掉重取。）回到实验室后将环刀与土壤一起称重，然后将土壤全部移出混匀后，称取 10 g 湿土用酒精燃烧法测土壤含水量，用于换算环刀内的干土重量。在操作过程中，有关测定数据应及时记载。

（四）结果计算

$$d_v = s/v = s/100 \tag{5-2}$$

式中，d_v——容重（g/cm³）；

s——干土重量（g）；

v——环刀的容积，通常为 100cm³。

式 5-2 可转换为

$$d_v = \frac{(M - G)100}{v(100 + W)} \tag{5-3}$$

式中，d_v——容重（g/cm³）；

G——环刀的重量（g）；

W——土壤含水量（%）；

v——环刀的容积，通常为 100cm³；

M——环刀加湿土重（g）。

土壤容重计算记录表见表 5-3。

表 5-3　土壤容重计算记录表

重复	I	II
环刀的重量/g		
环刀的容积/cm³		
环刀+湿土重/g		
土壤含水量/%		
土壤容重/g/cm³		

三、土壤孔隙度的计算

单位体积的土壤中孔隙所占的百分比称为土壤总孔隙度。土壤总孔隙度包括毛管孔隙和非毛管孔隙，可分别按下列各式计算：

1. 土壤总孔隙度

$$(P_1)\% = (1 - \frac{d_v}{d_s})100 \qquad (5-4)$$

式中，d_v——土壤容重（g/cm^3）；

d_s——土壤比重。

2. 土壤毛管孔隙度

$$(P_2)\% = W_1 \times d_v \qquad (5-5)$$

式中，W_1——土壤间持水量（质量百分比）。

3. 土壤非毛管孔隙度

$$(P_3)\% = P_1 - P_2 \qquad (5-6)$$

作业思考题：

1. 根据记录表数据计算土壤比重。

2. 假设某土壤容重为 1.3 g/mL，用你所测的土壤比重值计算出土壤孔隙度。

3. 根据上表记录的数据计算出土壤容重平均值。

4. 假设某土壤比重为 2.65，用你所测的土壤容重值计算出土壤孔隙度。

5. 在田间用容重采土器取样过程中应注意哪些问题？

6. 简述测定土壤容重的意义。

实验六　田间持水量的测定

一、实验目的

田间持水是指在地下水位较深的情况下，降水或灌溉水等地表水进入土壤，借助毛管力而保持在上层土壤毛管孔隙中的水分。它与来自地下水的毛管水不相连，好像悬挂在上层土壤中一样，故称之为毛管悬着水。毛管悬着水是山区、丘陵、岗坡地及平地等地势比较高的地块上植物吸水的主要水分形态。毛管悬着水达到最大量时的含水量称为田间持水量。田间持水量在数量上包括吸湿水、膜状水和毛管悬着水。若继续供水超过田间持水量，并不能使该土体的持水量再增大，只能向下渗，湿润下层土壤。田间持水量是确定灌水量的重要依据。

二、田间测定（围框淹灌法）

1. 测定原理

在田间，经过大量降雨或灌水使土壤饱和，待排除重力水后，在没有蒸发和蒸腾的条件下，测定土壤水分达到平衡时的含水量。地下水埋深大于 3m 的土层所保持的主要是毛管悬着水，系真正的田间持水量。当地下水位浅到测定土层处于毛管支持水范围时，地下水位越浅，测得的田间持水量越大，故测定结果必须注明地下水的深度。

2. 主要仪器

木框（正方形，框内面积 1m²，框高 20~25cm，下端削成楔形，并用白铁皮包成刀刃状，便于插入土内），提水桶，铝盒，土钻，铁锹，1/100 天平，干燥箱，塑料布（正方形，面积约为 5m²），青草或干草，米尺，木板等。

三、测定方法

1. 操作步骤

在田间选择一块面积为 4m²，有代表性，比较平坦的地块，仔细平整土面。在地块中央插入木框，一般插入 10cm 深（或达犁底层），框内为测试区。在其周围筑一正方形的坚实土埂，埂高 40cm，埂顶宽 30cm，框与土埂间为保护区。在测试区附近挖一土壤剖面，观察土壤剖面构成特征，按发生层次在剖面壁采样，测定各层土壤自然含水量、土壤容重和土壤比重。根据测得的土壤含水量算出待测土层（约1米）中的总贮水量，从土壤容重和土壤比重的结果算出待测土层中孔隙总容积，从中减去现有的总贮水量，求出待测土层全部孔隙被水充满所需补充灌入的水量。为了保证土壤湿透并达到预测深度，实际灌水量将为计算出的水量的1.5倍。按下式计算保护区的灌水量：

$$Q = H(a - W) \times d_y \times s \times h \tag{6-1}$$

式中，Q——灌水量（m^3）；

    a——土壤饱和含水量（%）；

    W——土壤自然含水量（%）；

    d_y——土壤容重（g/cm^3）；

    s——测试区面积（m^2）；

    h——所要测定的土层深度（cm）；

    H——使土壤达饱和含水量的保证系数。

土层需要灌水深度（h）视测定田间持水量的目的而定。在确定作物灌水定额时，h可定为1米左右；如为排水用，h应等于地下水深度。

h值大小与土壤质地和地下水位深度有关，通常为1.5~3。一般黏性土或地下水位浅的土壤选用1.5，反之选用2或3。

灌水前，在测试区和保护区各插厘米尺一根。灌水时为防止土壤冲刷，应在灌水后铺垫草或席子。先在保护区灌水，灌到一定程度后立即向测试地块灌水，使内外均保持5 cm厚的水层，直至灌满为止。灌水渗入土壤后，为避免土表蒸发，可在上面覆盖青草或麦秆，再在草上盖一块塑料布，以防雨水淋入。

轻质土壤在灌水后24h即可采样测定，而黏质土壤必须经48 h或更长时间才能采样测定。采样时在测试区上搁置一块木板，人站在木板上，按木框的对角线位置掀开土表覆盖物，用土钻打三个钻孔，每个钻孔自上而下依土壤发生层次分别采集15~20 g土样放入铝盒，盖上盒盖，带回实验室测定含水量。每次测定后，逐层计算同一层前后2次测定的土壤湿度差值，若某层差值小于等于3%，则第2次测定值即为该层土壤的田间持水量，下次测定时该层土壤湿度可不测定；若同一层次前后2次测定值大于3%，则需继续测定，直到出现前后2次测定值之差小于等于3%时为止。在实际操作中，一定要注意多测量几次，直到前后两次值出现比较稳定为止，不能因为头两三次之差小于3%就确定最后一次值为田间持水量。一般砂土需1~2昼夜，壤土需3~5昼夜，黏土需5~10昼夜才达到水分运动基本平衡。

2. 计算结果

（1）计算田间持水量。

计算某一土层的田间持水量，只需在该层逐次测得的土壤含水量中取结果相近的平衡值。在计算整个土壤剖面的田间持水量时，由于土壤各层次的厚度、含水量和容重各不相同，应当用加权平均法来计算。计算公式如下：

$$田间持水量 = \frac{w_1 d_{v_1} h_1 + w_2 d_{v_2} h_2 + \cdots + w_n d_{v_n} h_n}{d v_1 h_1 + d v_2 h_2 + \cdots + d v_n h_n} \times 100\% \qquad (6-2)$$

式中，w_1，w_2……w_n——各土层含水量（%）；

d_{v_1}，d_{v_2}……d_{v_n}——各土层容重（g/cm³）；

h_1，h_2……h_n—— 各土层厚度（cm）。

例设某一剖面中土层厚度、土壤容重和土壤含水量如表 6-1 所列，其田间持水量的计算如表 6-1。

表 6-1　某土壤剖面各层的容重及含水量

土层深度 /cm	土层厚度 /cm	土壤容重 /g/cm²	土壤含水量 /%
0~5（含）	5	0.98	5.8
5~10（含）	5	1.04	6.9
10~20（含）	10	1.12	8.1
20~36（含）	16	1.34	13.7
36~50（含）	14	1.42	15.8

田间持水量 =（5.8 ×0.98×5）+（6.9×1.04×5）+（8.1×1.12×10）+

（13.7×1.34×16）+（15.8×1.42×14）／［（0.98×5）+（1.04×5）+

（1.12×10）+（1.34×16）+（1.42×14）］×100%

= 12.2%

（2）计算水分储量。

水分储量用水层的毫米数表示比较方便，因为它与面积无关，并可直接与降水量（mm）比较。

设 W 是计算得的土壤含水量（干基），h 是要计算水分储藏量的土层厚度（cm）。

假设土柱的底面为 100 cm²，高 h cm，则土柱体积为 $100 \times h$ cm³；土壤容重为 d_y 时，其干土重为 $100 \times h \times d_y$（g）。那么，土壤含水量为 W% 时土柱中的水分储量为：

$$\frac{100 \times h \times d_y \times W}{100} = h \times d_y \times W（g 或 cm³ 的水）$$

土柱面积为100cm²时，这些水分的厚度为：$\dfrac{h \times d_y \times W}{100}$（cm）或 $\dfrac{100 \times h \times d_y \times W}{100}$

（mm）。

四、室内测定田间持水量（威尔克斯法）

1. 实验原理

将浸泡饱和的原状土样置于风干土上，使风干土吸去土样中的重力水，测定土样的含水量。

2. 仪器

瓷盘，滤纸，环刀，取土刀，天平，恒温箱等。

3. 操作步骤

（1）将用环刀采取的自然状态土壤带回室内，然后将环刀一端带有小孔的铝盒与滤纸一起浸泡在注水的瓷盘中，水面较环刀上缘低1~2mm，放置一昼夜，使环刀内的土壤达到饱和状态。

（2）在与测定土样相同的土层处另采一些土样，风干，磨碎，通过孔径1mm的筛，装入环刀，轻轻拍实，且土样稍高于环刀上沿1~2mm。

（3）将装有饱和水分的原状土样环刀底盖（有孔的盖子）移去，把环刀连同滤纸一起放在装有风干土的环刀或砂盘上（砂盘上需垫滤纸或纱布），为使土壤接触紧密，可用重物压实（一对环刀用三块砖压实），经过8h吸水渗漏后，将环刀连同环刀内的土样一起放入105℃~110℃恒温箱中烘12~24h以上至恒重，测定其含水量。

五、结果计算

土壤含水量测定表见表6-2。

表6-2　土壤含水量测定表

项目	I	II
① 环刀重/g		
② 环刀重+田间持水土重（去掉重力水）		
③ 烘干后环刀+烘干土重/g		
田间持水量$=\dfrac{②-③}{③-①}\times100\%$		

作业思考题:

1. 何谓田间持水量? 它包括哪几种水分形态?

2. 测定田间持水量有何意义?

3. 在田间持水量的测定过程中应注意哪些问题? 举例说明。

实验七　几种土壤吸附性能的观察

一、实验目的

土壤凭借其吸附性能，可以保存某些养料，同时在某些情况下也会降低某些养料的有效程度，吸附性能对土壤的保肥和供肥性能具有很大影响。不同土壤的质地，尤其是黏粒数量及其类型、腐殖质含量、土壤酸碱度的差异都会影响其吸附性能。因此，在农业生产上必须考虑这些情况，采取相应的措施。

本实验的目的在于观察对土壤吸附性能影响较大的物理吸附和化学吸附情况，说明不同的土壤吸附性能的差异。

二、仪器和药品

土样，台秤，三角称（50mL 3 个，150mL 3 个），平底试管 16 个，小漏斗（外径 5.5cm）3 个，滤纸，10mL 量筒 1 个，0.2%孔雀绿溶液，$1/120mol/L$ KH_2PO_4 溶液，$1/80mol/L$ NH_4NO 溶液，25%酒石酸钾钠溶液，奈氏试剂，钼酸铵，$SnCl_2$ 溶液。

三、实验内容及方法

（一）土壤对色素分子的吸附（物理吸附）

称取 5 g 黄土、砂土各一份，分别装入长试管中，各加入 0.2%孔雀绿溶液 10mL，充分振荡后静置，观察上部清液颜色深浅，从而比较不同土壤对色素分子的吸附能力。

观察后分析、讨论两种土壤的色素吸附能力存在差异的原因。

（二）对阴阳离子的吸附（化学吸附）

称取 15 g 黄土、砂土、红壤各 1 份，分别放入 150mL 的三角瓶中，各加入 $1/80mol/L$ NH_4NO_3 溶液及 $1/120mol/L$ KH_2PO_4 溶液各 15mL，强力振荡 10min，务必使土壤与溶液充分接触，摇混过滤，滤液留作下列实验用。

（1）土壤对 PO_4^{3-} 的吸附：用同样大小和粗细的试管 4 支，分别装入上述滤液各 5mL，另一支试管取 $1/120mol/L$ KH_2PO_4 溶液 2.5mL 稀释到 5mL 作为对照，在各试管中分别加入钼酸铵试剂 3 滴，再加入氯化亚锡试剂 5 滴，摇匀后显蓝色，然后分别观察各试管中蓝色的深浅，以多、中、少、微表示，从而判断土壤对 PO_4^{3-} 的吸附情况。

（2）土壤对 NH_4^+ 的吸附：用同样大小和粗细的试管 4 支，分别装入上述滤液 5mL，另一支试管取 1/80mol/L NH_4NO_3 2.5mL，稀释到 5mL 作为对照。然后往试管中分别加入 25%酒石酸钾钠溶液 3 滴（固定 Ca^{2+}、Mg^{2+} 成为络离子或分子），摇匀，再分别加入奈氏试剂 2 滴，摇匀，如显黄色，说明有 NH_4^+ 存在。比较黄色沉淀的多少，可以判断各种土壤对 NH_4^+ 的吸附情况。

（3）土壤对 NO_3^- 的吸附：用同样大小和粗细的试管 4 支，分别装入上述滤液 5mL，另一支试管取 1/80mol/L NH_4NO_5 2.5mL 稀释至 5mL 作为对照。在各试管中分别加入小半勺硝酸试粉振荡 1min，如有 NO_3^- 存在就显红色，然后根据所显红色深浅判断各种土壤对 NO_3^- 的吸附情况。

将实验现象记录在表 7-1、表 7-2.

表 7-1　土壤对色素的吸附情况记录表

土壤	土壤对色素的吸附情况

表 7-2　土壤对阴阳离子吸附情况记录表

土壤	PO_4^{3-}	NH_4^+	NO_3^-	备注

作业思考题：

根据上述记录，对各种土壤吸附性能的差异进行讨论。

1. 为什么不同土壤对 NH_4^+ 的吸附存在差异？

2. 为什么不同土壤对 PO_4^{3-} 和 NO_3^- 的吸附存在差异？

3. 为什么不同土壤对色素分子的吸附存在差异？

实验八 土壤酸度的测定

一、实验目的

土壤酸度对土壤肥力有重要影响，特别是对土壤中养分存在的状态和有效性、土壤的生物化学过程、微生物活动以及植物生长等都有显著作用。不同的土壤，由于形成过程不同，其酸碱反应存在差异。同一土壤的不同层次，其反应也不相同，如钙积土壤为中性至微碱性反应，碱土则为碱性反应。

土壤酸度与土壤溶液的组成、土壤胶体的组成、交换量和交换性阳离子的组成等都有密切关系，同时土壤酸度也因自然条件和耕作措施的变化而变化。因此，土壤酸度在农业生产上具有重要意义。

二、土壤活性酸度的测定

土壤活性酸度是土壤水浸提液的 H^+ 浓度，以 pH 值表示。目前，较广泛采用的土壤活性酸度测定方法为电位计测定法和混合指示剂比色法。

（一）电位计（pH 计）测定法

1. 方法原理

pH 计的原理是当一个指示电极与一个参比电极同时浸入同一溶液中，两电极间即产生电动势，电动势大小直接与溶液 pH 值有关。在测定过程中，参比电极电位保持不变，而指示电极的电位则随溶液 pH 值的改变而改变。指示电极电位的改变通过一定换算可直接表示为 pH 值，常用的参比电极为甘汞电极，而指示电极为玻璃电极。

2. 试剂配制

（1）1mol/L 的 KCl 溶液：称取 74.6 g KCl，溶于 400~500mL 蒸馏水中，用 10% 的 KOH 或 HCl 调节 pH 值在 5.5~6.0，而后稀释至 1L。

（2）pH4.01 标准缓冲液：称取在 105℃ 烘过的邻苯二甲酸氢钾（$KHC_8H_4O_4$）10.21 g，用蒸馏水溶解后稀释至 1L。

（3）pH6.87 标准缓冲液：称取在 45℃ 烘过的磷酸二氢钾 3.39 g 和无水磷酸氢二钠 3.53 g 或带有 12 个结晶水的磷酸氢二钠 3.53 g 于干燥器中放置 2 周，使其成为带 2 个结晶水的磷酸氢二钠，再经 130℃ 烘成无水磷酸氢二钠备用，溶解在蒸馏水中，定容至 1L。

（4）pH9.18 标准缓冲溶液：称 3.80 g 硼砂（$NaB_4O_7 \cdot 10H_2O$）溶液于蒸馏水中，定容至 1L。此缓冲液容易变化，应注意保存。

3. 操作步骤

称取通过 1mm 孔径筛子的风干土样 10 g，放入 50mL 烧杯中，加入 25mL 去离子水，间歇地搅拌或摇动 30min，放置平衡 0.5h 后用 pH 计测定之。

国产及进口 pH 计有各种型号，现就上海雷磁 25 型酸度计的用法介绍如下：

（1）接通电源，预热 5min。

（2）将指示电极（玻璃电极）和参比电极（甘汞电极）插入已知 pH 值的标准缓冲液，轻轻摇动溶液使其均匀。

（3）将温度补偿钮调节至与杯内缓冲液同一温度。

（4）将选择开关扭至 pH 处，将范围开关扭至 0~7 位置，或 7~14 位置（根据土壤酸度小于或大于 7 而定），读电表的相应刻度。

（5）旋转零点调节器，使电表指针在 pH 7 处。

（6）按下读数按钮，并略予转动，使其固定在按下的位置，旋转定位调节器，使电表读数恰为所用标准缓冲液的 pH 值。

（7）放开读数按钮，电表指针应恢复到 7 处，否则应重复（5）、（6）、（7）三个步骤，直至指针分别与缓冲液 pH 值及指针读数 7 均符合为止，此后在测定过程中应把定位调节器固定起来不再变动。

（8）取出电极，用去离子水充分冲洗后，再用滤纸轻轻吸去水分。然后将玻璃电极的球泡插入待测土样的下部悬液中，轻轻转动烧杯，使试液与电极密切相接，这时要特别注意，稍疏忽即易将玻璃电极碰破。随后将甘汞电极插在上部清液中。

（9）未知液温度应与缓冲液相同，如不相同，则将温度补偿器调至未知液的温度处。

（10）让电极和试液接触 2~3min 后，按下读数按钮（注意按下前指针应在 7 处，否则用零点调节器调至 7 处），这时指针所指数即未知溶液的 pH 值，如指针指到 pH 范围之外，应转换范围开关的位置（如从 7~14 处转到 0~7 处，或从 0~7 转到 7~14 处），然后再进行测定。

（11）将稳定的 pH 计读数记载成表，注明是水浸出液或盐浸出液，并说明测量时的水土比例。

（12）测量完毕，将读数按钮放开，立即用蒸馏水充分冲洗电极，以免沾污，pH 计不同时清洗。可将电源关闭，把玻璃电极浸在去离子水中，把甘汞电极用橡皮套套好贮存。如需搬动 pH 计则应将 pH 计的范围开关扭至空档（0 处），以保护电表。

4. 注意事项

（1）水土比的影响。一般土壤悬液越稀则测得的 pH 值越高，通常大部分土壤以脱黏点稀释到水土比 10：1 时，pH 值约增高 0.3~1.0 个单位，其中尤以碱土稀释效应为大。为了能够相互比较，在测定 pH 值时，水土比应加以固定。国际土壤学会曾规定以 2.5：1 的水土比例为准。

（2）拟测的土壤样品，过筛后如不立即测定，应贮存于密塞瓶中，以免受试验室氨气或其他酸类气体的影响。加水浸提土样时，摇动及放置平衡的时间对土壤 pH 值有影响，有的 1min 即可平衡，有的要 1h 之久，本方法为了适应于我国大多数土壤情况。测定时电极浸入土壤悬液后应摇动均匀，使电极电位达到平衡，随即进行测定，不应放置过久。

（3）玻璃电极使用前要在 0.1mol/L 的 HCl 溶液中或蒸馏水中浸泡 24h 以上，使用时先轻轻振荡电极内溶液，至球体部分无气泡为止。电极球体极薄易碎，使用时必须小心谨慎。电极不用时，可放在 0.1 mol/L 的 HCl 中或去离子水中保存，如长期不用可放在纸盒中保存。

（4）甘汞电极。一般在套管中是用饱和 KCl 溶液灌注的，如发现电极内部无 KCl 结晶时，应从侧口投入若干 KCl 结晶体，以保持溶液的饱和状态。电极不用时可插入饱和 KCl 液中或者在纸盒中保存，不得浸没在去离子水或其他溶液中。

（5）pH<3 或 pH>10 的过酸或过碱的溶液不应用 pH 计测定其酸碱度。

（二）混合指示剂比色法

1. 方法原理

利用指示剂在不同 pH 值的溶液中显示不同颜色的特性，可根据指示剂显示的颜色确定溶液的 pH 值。

2. 试剂与仪器

（1）pH 值 4~8 混合指示剂。称取等量（0.25 g）的甲酚红、溴甲酚绿和溴甲酚紫三种指示剂，放在玛瑙研钵中，加 15mL 0.1mol/L 的 NaOH 溶液及 5mL 蒸馏水，共同研匀，再用蒸馏水稀释至 1L，此指示剂的变色范围见表 8-1。

表 8-1　变色范围 1

pH 值	4.0	4.5	5.0	5.5	6.0	6.5	7.0	8.0
颜色	黄	绿黄	黄绿	草绿	灰绿	灰蓝	蓝紫	紫

（2）pH 值 7~9 混合指示剂。称取等量（0.25 g）的甲酚红和溴百里酚蓝（又名 1-甲异丙苯蓝），放在玛瑙研钵中，加 11.9mL 0.1mol/L 的 NaOH，共同研匀，待完全溶解后，再用蒸馏水稀释至 1L，此指示剂的变色范围见表 8-2。

表 8-2 变色范围 2

pH 值	7	8	9
颜色	橙黄	橙红	红紫

（3）pH 值 4~11 混合指示剂。称 0.2 g 甲基红，0.4 g 溴百里酚蓝，0.8 g 酚酞，在玛瑙研钵中混合研匀，溶于 400mL 95%的酒精中，加蒸馏水 580mL，再加 0.1 mol/L 的 NaOH 调 pH=7（草绿色），用 pH 计或标准 pH 溶液校正，最后定容至 1L。此指示剂的变色范围见表 8-3。

表 8-3 变色范围 3

pH 值	4	5	6	7	8	9	10	11
颜色	红	橙	黄（稍带绿）	草绿	绿	暗蓝	蓝紫	紫

（4）仪器。白瓷板，玛瑙研钵。

3. 操作步骤

用骨勺取少量土壤样品，放于白瓷板凹槽中，加蒸馏水 1 滴，再加 pH 混合指示剂 3~5 滴，以能湿润样品而稍有余为宜，用玻璃棒充分搅拌，稍澄清，倾斜瓷板，观察溶液色度。或者用一小滤纸条吸附有色溶液，与相应的土壤酸碱度比色卡进行比较，确定 pH 值。

三、土壤缓冲性比较

取 4 个容量为 50mL 的烧杯，第一个烧杯先加 10 g 中性土，再加 25mL 蒸馏水，再加 0.5mol/L 的 HCl 溶液 2 滴，摇动，静止，测定 pH 值。然后再加 0.5mol/L 的 HCl 溶液 3 滴，摇动，静止，测定 pH 值。

第二个烧杯先加 10 g 中性土，再加 25mL 蒸馏水，再加 0.5mol/L NaOH 溶液 2 滴，摇动，静止，测定 pH 值，然后再加 0.5mol/L NaOH 溶液 3 滴，摇动，静止，测定 pH 值。

第三、四个烧杯，除不加土样外，其他步骤分别与前两次相同，测定 pH 值。

列表记录各种处理的 pH 值，并加以比较，说明其原因。

作业思考题：

1. 列表记录实验结果。

2. 分析土壤具有不同 pH 值的原因，并分析 pH 值对土壤养分、植物生长和微生物活动的影响。

3. 什么是活性酸度和交换性酸度？二者有什么关系？

实验九 土壤全氮的测定
（半微量开氏法）

一、实验目的及意义

土壤中的氮元素绝大部分以有机态的蛋白质、核酸、氨基糖和腐殖质等类化合物形式存在，这类有机氮大部分必须经过微生物分解才能被作物吸收和利用。而无机态的 NH_4^+、NO_3^-、和 NO_2^- 在土壤中的含量很低，仅为全氮量的 $1\% \sim 5\%$。因此，土壤全氮量的测定结果，不一定能反映采样当时的土壤氮元素供应强度，但它可以代表土壤总的供氮水平，从而为评价土壤基本肥力，为经济合理地施用氮肥，采取各种农业措施以促进有机氮矿化过程等，提供科学依据。

测定土壤全氮的方法主要有干烧法和湿烧法。干烧法由杜马创设，又称杜氏法，经典的杜氏法操作烦琐、费时，在土壤分析中很少采用。湿烧法由丹麦人开道尔创设，又称开氏法。由于仪器设备简单，操作简便、省时，结果可靠、再现性好，自创始以来，经过大量的研究改进，湿烧法成为土壤农化实验中测定全氮的主要方法。

二、测定原理

样品在加速剂的参与下，用浓硫酸消煮时，各种含氮有机物，经过高温分解反应，转化为氨与硫酸，结合成硫酸铵。碱化后蒸馏出来的氨用硼酸吸收，以标准酸溶液滴定，可以求出土壤全氮量（不包括全部硝态氮）。

包括硝态和亚硝态氮的全氮测定：在样品消煮前，先用高锰酸钾将样品中的亚硝态氮氧化为硝态氮，再用还原铁粉使全部硝态氮还原，转化成铵态氮。

在高温下硫酸是一种强氧化剂，能氧化有机化合物中的碳，生成二氧化碳，从而分解有机质。

$$2H_2SO_4 + C \rightarrow 2H_2O + 2SO_2 \uparrow + CO_2 \uparrow \text{高温}$$

样品中的含氮有机化合物，如蛋白质在浓 H_2SO_4 的作用下，水解成为氨基酸，氨基酸又在 H_2SO_4 的脱氨作用下，还原成氨，氨与 H_2SO_4 结合成为硫酸铵留在溶液中。

硒的催化过程如下：

$$2H_2SO_4 + Se \rightarrow H_2SeO_3 + 2SO_2 \uparrow + H_2O$$

$$H_2SeO_3 \rightarrow SeO_2 + H_2O$$

$$SeO_2 + C \rightarrow Se + CO_2$$

由于硒的催化效能高，一般硒粉用量不超过 0.2 g，如用量过多将引起氮的损失。

$$(NH_4)_2SO_4 + H_2SeO_3 \rightarrow (NH_4)_2SeO_3 + H_2SO_4$$

$$3(NH_4)_2SeO_3 \rightarrow 2NH_3 + 3Se + 9H_2O + 2N_2 \uparrow$$

硒是一种有毒元素，在催化过程中，放出 H_2Se。H_2Se 的毒性较 H_2S 更大，易引起人中毒。所以，实验室要有良好的通风设备，方可使用这种催化剂。

在消化中，$CuSO_4$ 也用作氧化有机化合物中碳的催化剂：

$$4CuSO_4 + 3C + 2H_2SO_4 \rightarrow 2Cu_2SO_4 + 4SO_2 \uparrow + 3CO_2 \uparrow + 2H_2O$$

$$Cu_2SO_4 + 2H_2SO_4 \rightarrow 2CuSO_4 + 2H_2O + SO_2 \uparrow$$

褐红色　　　　　　蓝绿色

当土壤中有机质分解完毕，碳质被氧化后，消煮液则呈现清澈的蓝绿色即"清亮"。因此，硫酸铜不仅起催化作用，也起指示作用。开氏法中，消煮液刚刚清亮并不表示所有的氮均已转化为铵，此时，有机杂环态氮还未完全转化为铵态氮，消煮液清亮后仍需消煮一段时间，这个过程叫"后煮"。

消煮液中硫酸铵加碱蒸馏，使氨逸出，以硼酸吸收，然后用标准酸液滴定。

蒸馏过程的反应：

$$(NH_4)_2SO_4 + 2NaOH \rightarrow Na_2SO_4 + 2NH_3 + 2H_2O$$

$$NH_3 + H_3BO_3 \rightarrow NH_4 \cdot H_2BO_3$$

滴定过程的反应：

$$2NH_4 \cdot H_2BO_3 + H_2SO_4 \rightarrow (NH_4)_2SO_4 + H_2O$$

三、主要仪器及试剂

半微量定氮蒸馏器、半微量酸式滴定管、电热板、万分之一天平。

（1）浓硫酸（化学纯，比重 1.84）。

（2）10mol/L 的 NaOH 溶液：称取 NaOH（化学纯）400 g 于硬质玻璃烧杯中，加水溶解并不断搅拌（防止烧杯底部固结），再稀释至 1 000mL，贮存于塑料瓶中。

（3）甲基红-溴甲酚绿混合指示剂：0.5 g 溴甲酚绿和 0.1 g 甲基红溶于 100mL 乙醇中。

（4）2%硼酸指示剂溶液：称取 20 g 硼酸（化学纯）用热蒸馏水（约 60℃）溶解，冷却后稀释至 1 000mL，每升硼酸溶液中加入 5mL 甲基红-溴甲酚绿混合指示剂，并用稀酸或稀碱调节至紫红色，此溶液的 pH 值约为 4.8。指示剂用以前与硼酸混合，此指示剂宜鲜配，不宜久放。

（5）混合催化剂：K_2SO_4：$CuSO_4$：$Se=100：10：1$，即 100 g K_2SO_4（化学纯）、10 g $CuSO_4 \cdot 5H_2O$（化学纯）和 1 g 硒粉混合研磨，通过 80 目筛充分混匀，贮于具塞瓶中。消煮时每毫升硫酸加入 0.37 g 混合催化剂。

（6）0.02 mol/L（$1/2H_2SO_4$）标准溶液：量取 H_2SO_4（化学纯、无氮、比重 1.84）2.83mL，加水稀释至 5L，然后用标准碱或硼砂标定之。

（7）0.01 mol/L（$1/2H_2SO_4$）标准溶液：将 0.02 mol/L（$1/2H_2SO_4$）标准溶液用水稀释 1 倍。

四、操作步骤

1. 样品消煮

准确称取过 0.25mm 筛的风干土壤样品 0.500 0～1.000 0 g，放入 50mL 的三角瓶中，用蒸馏水 5～10 滴湿润样品，并加入 1.85 g 混合催化剂，再加入 5mL 浓 H_2SO_4 轻轻摇匀，以小漏斗盖住三角瓶，将三角瓶置于电热板上加热，加热至溶液微沸，继续加热直至溶液呈清澈的淡蓝色，然后继续加热消煮 0.5～1.0h。消煮结束后，取下冷却。

2. 蒸馏（见图 9-1）

在蒸馏之前，先检查蒸馏装置是否漏气，并用空蒸的馏出液将管道洗净。待消煮液冷却后，用少量去离子水将消煮液全部转入蒸馏器的内室，并用蒸馏水洗涤三角瓶 4～5 次（总用水量不超过 30～40mL）。另备 150mL 锥形瓶，加入 5mL 2%硼酸—指示剂混合液，放在冷凝管下端，管口置于硼酸液面以上 3～4cm 处，然后向蒸馏室内缓缓加入 10mol/L NaOH 溶液 20mL，立即关闭蒸馏室，通入蒸汽蒸馏。待馏出液体积约达 50～55mL 时（约需 8～10min）即蒸馏完毕，用少量已调节至 pH4.5 的水洗涤冷凝管末端。

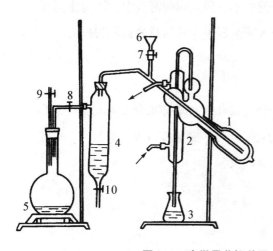

1. 蒸馏瓶
2. 冷凝管
3. 承受瓶
4. 分水筒
5. 蒸气发生器
6. 加碱小漏斗
7、8、9. 螺旋夹子
10. 开关

图 9-1　半微量蒸馏装置

3. 滴定

将 0.01 mol/L（或 0.02 mol/L）1/2H_2SO_4 标准溶液装入半微量酸式滴定管中，滴定硼酸溶液中吸收的氨，滴定过程中颜色由蓝绿至蓝紫突变为紫红色即为滴定终点。测定时做空白实验，可与样品同处理。

五、结果计算

$$全氮 = \frac{V - V_0 \times C \times 14.0 \times 10^{-3}}{m} \times 10^3 \qquad (9-1)$$

式中，C——1/2H_2SO_4 标准液的浓度（mol/L）；

V_0——滴定空白时用去硫酸标准液的毫升数（mL）；

V——滴定土样时用去硫酸标准液的毫升数（mL）；

m——土壤样品重（g）；

14.0——氮的摩尔质量（g/mol）；

10^{-3}——将 mL 换算为 L；

10^3——换算系数。

六、注意事项

（1）一般测定的样品中含氮量为 1.0~2.0 g/kg 左右，如果土壤含氮量在 2 g/kg 以下时应称土样 1.0 g；含氮量在 2.0~4.0 g/kg 时应称土样 0.5~1.0 g；含氮量在 4.0 g/kg 时应称土样 0.5 g。

（2）对于黏质土壤样品，在消煮前必须加水润湿使土粒和有机质分散，以提高氮的测定效果。但对于砂质土壤样品，用水润湿与否并没有显著的差别。

（3）在半微量蒸馏中，冷凝管口不可插入硼酸溶液中，以防止倒吸。

（4）消煮液必须少量多次洗入蒸馏器中，从而减少氮素的损失。

作业思考题：

1. 土壤全氮包括哪几部分？作物吸收利用是哪几种土壤氮素形态？

2. 用硼酸—指示剂的混合液放置时间不宜过长，为什么？

3. 在测定过程中如何防止氮素损失？

实验十　土壤碱解氮的测定

（碱解—扩散法）

一、实验目的

碱解—扩散法是应用较为广泛的一种测定有效氮的方法。该方法是用一定浓度的碱溶液，在一定的温度条件下，使土壤中易水解的有机态氮水解，由此测定的土壤"水解性氮"，也称之为碱解氮。土壤碱解氮的含量与土壤有机质和全氮含量以及土壤的水热条件、微生物活动情况密切相关。碱解氮含量的高低，能大致反映同期土壤氮素的供应情况，与作物生长和产量有一定的相关性，可作为土壤有效氮的指标。碱解—扩散法测定土壤有效氮，不受土壤中 $CaCO_3$ 的影响，操作简便，结果的精密度较高，适于大批样品的分析，但此法测得的有效氮不包括 NO_3-N，水解和扩散时间较长，还需要用到扩散皿、恒温箱及微量滴定管等仪器设备。

二、方法原理

在密封的扩散皿中，用氢氧化钠水解土壤样品。在恒温条件下，使有效氮碱解转化为氨气，并不断扩散溢出，由硼酸吸收，再用标准酸滴定，计算出碱解氮含量。如在旱地土壤中硝态氮含量较高，需加入硫酸亚铁将其还原成铵态氮后再测定（水稻土硝态氮含量极微，可不加硫酸亚铁，直接用 1.8 mol/L 的氢氧化钠水解）。

三、主要仪器及试剂

1. 主要仪器

扩散皿，半微量酸式滴定管，恒温干燥箱。

2. 试剂

（1）1.8 mol/L 的 NaOH 溶液：称取化学纯氢氧化钠 72 g，用蒸馏水溶解，冷却后定容至 1L（适合于旱地土壤）。

（2）1.2 mol/L 的 NaOH 溶液：称取化学纯氢氧化钠 48 g，用蒸馏水溶解，冷却后定容至 1L。

（3）甲基红-溴甲酚绿混合指示剂：0.5 g 溴甲酚绿和 0.1 g 甲基红溶于 100mL 乙

醇中。

（4）2%硼酸指示剂溶液：称取20 g硼酸（化学纯）用热蒸馏水（约60℃）溶解，冷却后稀释至1L。每升硼酸溶液中加入5mL甲基红-溴甲酚绿混合指示剂，并用稀酸或稀碱调节至紫红色，此溶液的pH值约为4.8。指示剂使用前与硼酸混合，此试剂宜鲜配，不宜久放。

（5）0.02 mol/L的1/2H_2SO_4标准溶液：量取H_2SO_4（化学纯，比重1.84）2.83mL，加水稀释至5L，然后用标准碱或硼砂标定之。

（6）0.005 mol/L的1/2H_2SO_4标准溶液：将0.02 mol/L的1/2H_2SO_4标准溶液用水稀释4倍。

（7）碱性胶液：40.0 g阿拉伯胶和50mL水在烧杯中加热至70~80℃，搅拌促溶。加入甘油20mL和饱和碳酸钠水溶液20mL，搅拌，放冷。离心除去泡沫和不溶物，清液贮存于具塞玻璃瓶中备用。

（8）硫酸亚铁（粉状）：将硫酸亚铁（化学纯）磨细，装入密闭瓶中，存于阴凉干燥处。

（9）硫酸银饱和溶液：存于避光处。

四、操作步骤

称取通过1mm筛的风干土样2.00 g（精确到0.01 g），加1 g硫酸亚铁粉剂，均匀铺在扩散皿的外室，轻轻水平旋转扩散皿，使样品均匀铺平。然后在扩散皿内室加入2mL 2%的硼酸混合指示剂溶液，在扩散皿的外室边缘涂上碱性胶液，盖上盖玻片，并旋转几次，使盖玻片与皿边完全密闭，再慢慢转开盖玻片的一边，使扩散皿露出一条狭缝（盐碱土需加入0.5mL $AgSO_4$），再迅速加入10mL 1.8 mol/L的NaOH溶液于扩散皿的外室中，立即用盖玻片盖严。水平旋转扩散皿，使溶液与土壤样品充分混匀。再用橡皮圈箍紧，使毛玻璃固定。随后放入40±1℃的恒温箱中，碱解扩散24±0.5h，取出后（可以观察到内室为蓝色）内室吸收液中的氨可以用0.005 mol/L或0.01 mol/L的1/2H_2SO_4标准液滴定（由蓝色滴定到微红色）。

在样品测定的同时，用石英砂做空白实验，校正试剂及滴定误差。

五、结果计算

$$碱解氮 N(mg/kg) = \frac{(V - V_0) \times C \times 14.0}{m} \times 10^3 \qquad (10-1)$$

式中，C——1/2H_2SO_4标准液的浓度（mol/L）；

V_0——滴定空白时用去硫酸标准液的体积（mL）；

V——滴定土样时用去硫酸标准液的体积（mL）；

m——土壤样品重（g）；

14.0——氮的摩尔质量（g/mol）；

10^3——换算系数。

六、注意事项

（1）为加速氮的扩散吸收，可提高温度，但最高温度不得超过45℃。

（2）滴定时应用玻璃棒小心搅拌内室溶液（但不可摇动扩散皿），同时逐渐加入硫酸标准溶液，接近终点时，用玻璃棒在滴定管尖端蘸取标准液后搅拌内室，以防滴过终点。

（3）碱性胶液由于用强碱制成，绝不能污染内室溶液，否则会导致结果偏高。

（4）在扩散过程中，扩散皿必须盖严，以防漏气。

作业思考题：

1. 何为碱解氮？为什么要严格控制水解时的温度和时间？

2. 用碱解—扩散法测定出来的氮包括哪几个氮素形态？对作物有效性影响如何？

3. 在测定过程中应注意哪些问题？

实验十一　土壤有效磷的测定

（0.5mol/L NaHCO₃浸提—钼锑抗比色法）

一、实验目的

土壤中有效磷的含量，随土壤类型、气候、施肥水平、灌溉、耕作栽培措施等条件的不同而不同。通过土壤有效磷的测定，有助于了解近期内土壤供磷情况，为合理使用磷肥及提高磷肥利用率提供依据。

在土壤速效磷的测定中，浸提剂的选择主要是根据土壤类型和性质而定。浸提剂是否适用，必须通过田间试验来验证。浸提剂种类很多，现渐趋于使用少数几种浸提剂，以利于测定结果的比较和交流。我国目前使用最广泛的浸提剂是 $0.5mol/L$ 的 $NaHCO_3$ 溶液（Olsen 法），测定结果与作物反应有良好的相关性，适用于石灰性土壤、中性土壤及酸性水稻土。此外还使用 $0.03mol/L$ 的 NH_4F 和 $0.025mol/L$ 的 HCl 溶液（Bray I 法）为浸提剂，适用于酸性土壤和中性土壤。

二、方法原理

石灰性土壤中磷主要以 Ca-P（磷酸钙盐）的形态存在。中性土壤中 Ca-P、Al-P（磷酸铝盐）、Fe-P（磷酸铁盐）都占有一定的比例。$0.5mol/L$ 的 $NaHCO_3$（pH8.5）可以抑制 Ca^{2+} 的活性，使某些活性更大的与钙结合的磷被浸提出来；同时，也可使比较活性的 Fe-P 和 Al-P 起水解作用而被浸出。浸出液中磷的浓度很低，须用灵敏的钼蓝分光光度法测定。

当土样含有机质较多时，会使浸出液颜色变深而影响吸光度，或在显色时出现浑浊而干扰测定，此时可在浸提液过滤前，向土壤悬液中加入活性炭脱色，或在分光光度计 800nm 波长处测定以消除干扰。

三、试剂配制

（1）将 $0.5mol/L$ 的 $NaHCO_3$（pH8.5）浸提剂 42.0 g $NaHCO_3$（化学纯）溶于约 800mL 水中，稀释至 1L，用浓 NaOH 调节至 pH8.5（用 pH 计测定），贮于聚乙烯瓶或玻璃瓶中，塞紧。该溶液久置因失去二氧化碳而使 pH 值升高，所以如贮存期超过

20 天，在使用前必须检查并校准 pH 值。

（2）将无磷的活性碳粉和滤纸须做空白试验，证明无磷存在。如含磷较多，须先用 2mol/L HCl 浸泡过液，用水冲洗多次后再用 0.5mol/L 的 $NaHCO_3$ 浸泡过液，在布氏漏斗上抽滤，用水冲洗几次，最后用蒸馏水淋洗 3 次，烘干备用。如含磷较少，则直接用 0.5mol/L 的 $NaHCO_3$ 处理。

（3）将钼锑抗试剂 10.0 g 钼酸铵 $[(NH_4)_6Mo_7O_{24} \cdot 4H_2O]$（分析纯）溶于 300mL 约 60℃的水中，冷却。另取 181 mL 浓 H_2SO_4（分析纯）慢慢注入约 800mL 水中，搅匀，冷却；然后将稀 H_2SO_4 液注入钼酸铵溶液，随时搅匀，再加入 100mL 0.3%（m/v）酒石酸氧锑钾 $[K(SbO)C_4H_4O_6 \cdot \frac{1}{2}H_2O]$ 溶液；最后用水稀释至 2L，盛于棕色瓶中，此为钼锑贮备液。

临用前（当天）称取 0.50 g 抗坏血酸（分析纯）溶于 100mL 钼锑贮备液中，此为钼锑抗试剂，在室温下有效期为 24h，在 2~8℃冰箱中可贮存 7d。

（4）磷标准贮备液（Cp = 100 mg/L）。称取 105℃烘干 2h 的 KH_2PO_4（分析纯）0.439 4 g 溶于 200mL 水中，加入 5mL 浓 H_2SO_4（分析纯），转入 1L 容量瓶中，用水定容，该贮备液可长期保存。

（5）磷标准工作液（Cp = 5 mg/L）。将一定量的磷标准贮备液用 0.5mol/L 的 $NaHCO_3$ 溶液准确稀释 20 倍，该标准工作液不宜久存。

四、操作步骤

（1）土样浸提：称取通过 1mm 筛孔（20 目）的风干土样 2.50 g，置于 150mL 三角瓶中，加入 0.5 mol/L 的碳酸氢钠溶液 50mL，再加一勺无磷活性炭，塞紧，振荡 30min，立即用无磷滤纸过滤，滤液承接于 100mL 的三角瓶中。

（2）测定：吸取滤液 10mL（含磷量高时吸取 2.5~5.0mL，同时应补加 0.5 mg/L 碳酸氢钠溶液至 10mL）于 50mL 容量瓶中，然后用移液管加入钼锑抗试剂 5mL，充分摇匀，排出二氧化碳后加蒸馏水定容。放置 30min 后，用分光光度计（波长 880nm 或 700nm）比色测定。颜色稳定时间为 24h，比色测定必须同时作空白实验（即用 0.5 mol/L 碳酸氢钠溶液代替待测液，其他步骤与上相同）。以空白溶液调零。对照标准曲线，查出待测液中磷的含量，然后计算出土壤中速效磷含量。

（3）标准曲线绘制：分别准确吸取 5 μg/mL 磷标准溶液 0mL、1.0mL、2.0mL、3.0mL、4.0mL、5.0mL 于 50mL 容量瓶中，再分别加入 0.5mol/L 碳酸氢钠溶液 10mL，最后分别加入钼锑抗试剂 5mL，充分摇匀，排出二氧化碳后加蒸馏水定容。放置 30min 后，同待测液一样进行比色测定，此系列溶液中磷的浓度分别为 0 μg/mL、0.1 μg/mL、0.2 μg/mL、0.3 μg/mL、0.4 μg/mL、0.5 μg/mL。

五、结果计算

$$土壤有效磷（P）（mg/kg）= C_p × 20 \tag{11-1}$$

式中，C_p——从校准曲一或回归方程求得土壤滤出液中磷的浓度（mg/L P）；

  20——浸提时的液土比。

平行测定的允许差测定值< 10mg/kgP 时允许绝对差值< 0.5mg/kg；10~20 mg/kgP 时允许绝对差值< 1mg/kgP；>20mg/kgP 时允许相对差< 5%。

六、注意事项

（1）用 0.5mol/L 的 $NaHCO_3$ 浸提—钼锑抗比色法测定结果的评价标准见表 11-1。

表 11-1　评价标准

土壤有效磷（mg/kg）	< 5	5~15	> 15
土壤有效磷供应标准	低（缺磷）	中等（边缘值）	高（不缺磷）

（2）温度对测定结果影响较大，土样测定结果表明，温度每升高1℃，磷的含量相对增加约2%。因此，统一规定，在 25 ±1℃ 的恒温条件下浸提。

（3）振荡机的振荡频率最好是约180r/min，但 150~250r/min 的振荡机也可使用。

（4）如果土壤有效磷含量较高，应改为吸取较少量的滤出液（如土壤有效磷在 30~60mg/kg 吸取 5mL，在 60~150mg/kg 吸取 2mL），并用 0.5mol/L 的 $NaHCO_3$ 浸提剂补足至 10.00mL 后显色。

（5）当显色液中磷的浓度很低时，可与标准系列显色液一起改用 2cm 或 3cm 光径比色杯测定。

（6）钼锑抗比色法磷显色液在波长为 882nm 处有一个最大吸收峰，在波长为 710~720nm 处还有一个略低的吸收峰。因此，最好选择波长 882nm 处进行测定，此时灵敏度高，且浸出液中有机质的黄色也不干扰测定。如所用的分光光度计无 882nm 波长，则可选在波长为 660~720nm 处或用红色滤光片测定，此时浸出液中有机质的颜色干扰较大，需用活性炭粉脱色后再显色。

（7）如果吸取滤出液少于 10mL，则测定结果应再乘以稀释倍数（10/吸取滤出液体积，mL）。

作业思考题：

1. 土壤中磷的形态有哪几种？有效磷的含义是什么？
2. 土壤中磷素的分布特征是什么？北方、南方土壤中磷的固定因子有何不同？
3. 施用磷肥应注意什么问题？
4. 用 Olsen 法测定土壤有效磷有何优点？

实验十二　土壤速效钾的测定

一、实验目的

根据钾存在的形态和作物吸收利用的情况，土壤钾可分为水溶性钾、交换性钾和黏土矿物中固定的钾三类，前两类可被当季作物吸收利用，统称为"速效性钾"，后一类是土壤钾的主要贮藏形态，不能被作物直接吸收利用。

土壤速效钾的95%左右是交换性钾，水溶性钾仅占极少部分，由于土壤交换性钾的浸出量依从于浸提剂的阳离子种类，因此用不同浸提剂测定土壤速效钾的结果也不一致而且稳定性也不同。目前，国内外广泛采用的浸提剂是1mol/L的NH_4Ac溶液。NH_4^+和K^+的半径相近，以NH_4^+取代交换性K^+时所得结果比较稳定，重现性好，NH_4^+能将土壤表面的交换性钾和黏土矿物晶格间非交换性钾区分开。另外，待测液可直接用火焰光计测定而无干扰。

在无火焰光度计时，可用1mol/L的$NaNO_3$浸提—四苯硼钠比浊法测定土壤速效钾含量，此法测定值低于1mol/L的NH_4Ac法。

二、原理

土壤中的交换性钾和水溶性钾用醋酸铵溶液浸提，铵离子可与土壤胶体上吸附的阳离子置换，使交换性钾和水溶性钾进入土壤溶液，反应如下：

［土壤胶体］K^++nNH_4OAc＝［土壤胶体］NH_4^++ $KOAc$+（n-1）NH_4OAc

醋酸铵溶液中的钾可用火焰光度计直接测定。为了抵消醋酸铵溶液的影响，钾标准溶液也需用1mol/L的醋酸铵溶液配制。

三、仪器与试剂

1. 仪器

火焰光度计，振荡机，百分之一天平。

2. 试剂

（1）1mol/L中性醋酸铵溶液。称取醋酸铵（CH_3COONH_4，化学纯）77.09 g，加水溶解至近1L，用HOAc或NH_4OH调至pH7.0，然后定容至1L。具体方法如下：取出50mL 1mol/L的中性醋酸铵溶液，用溴百里酚蓝作为指示剂，以1∶1 NH_3或稀HOAc调至绿色（pH7.0）（也可以在酸度计上调节）。根据50mL醋酸铵所用1∶1 NH_3

水或稀 HOAc 的毫升数，算出所配溶液大概的需要量，最后调至 pH7.0。

（2）100 μg/mL 钾标准溶液。称取 KCl（分析纯，110℃烘干 2h）0.190 7 g 溶于 1mol/L 中性醋酸铵溶液中，定容至 1L。

四、操作步骤

（1）土样浸提。称取通过 20 目筛的风干土样 5.00 g 于 100mL 三角瓶中，加入 1mol/L 中性醋酸铵溶液 50mL，塞紧，振荡 30min 后，用干的定性滤纸过滤。

（2）测定。将滤液盛于小三角瓶中，同钾标准系列溶液一起在火焰光度计上测定。记录检流计上的读数，然后通过标准曲线求得其浓度。

（3）标准曲线的绘制：分别准确吸取 100 μg/mL 钾标准溶液 0、2.5、5.0、10.0、20.0、40.0mL 放入 100mL 容量瓶中，用 1mol/L 中性醋酸铵溶液定容，即得 0、2.5、5.0、10.0、20.0、40.0 μg/mL 钾标准系列溶液。以浓度最大的一个（40.0 μg/mL）定到火焰光度计上检流计为满度（100），然后从稀到浓进行测定，记录检流计读数。以检流计读数为纵坐标，钾的浓度为横坐标，绘制标准曲线。

五、结果计算

$$速效钾 \ K(mg/kg) = \frac{C \times V}{m} \qquad (12\text{-}1)$$

式中，C——从标准曲线上查得待测液中钾的浓度（μg/mL）；

V——浸提剂的体积（mL）；

m——称样量（g）。

以 1mol/L NH_4OAc 浸提的土壤速效押的诊断指标见表 12-1。

表 12-1　土壤速效钾的诊断指标（1mol/L NH_4OAc 浸提）

土壤速效钾含量/mg·kg^{-1}	<80	81~110	111~150	>150
等级	极低	低	4 中	高
钾肥对棉花增产效果	显著	显著	有效果	不显著

六、注意事项

含醋酸铵的钾的标准溶液配制后不宜久放，以免长霉，影响测定结果。

作业思考题：

1. 土壤中速效钾包括哪几种形态？土壤钾丰缺主要决定于哪些因素？

2. 用火焰光度计测定土壤钾时应注意哪些问题？

实验十三　土壤水溶性盐的测定

一、实验目的及意义

当土壤中水溶性盐含量增大或土壤溶液浓度增高时，作物种子的萌发及正常生长受到抑制，严重时还会导致死苗。盐渍土上的作物受危害的程度，不仅与土壤的总含盐量有关，与盐分组成的类型也有很大关系。就作物本身而言，不同的作物及同一种作物不同生育期的耐盐能力都不一样。在盐渍土的改良、利用规划，保苗及作物正常生长中，除了要经常和定期测定土壤和地下水中的含盐量以外，还要测定盐分的组成。以此作为了解土壤盐渍化强度、盐渍土的类型以及土体中季节性的水盐动态的依据。

土壤水溶性盐的分析项目一般包括：全盐量或离子总量、阴离子及阳离子组成、pH 值等。各项目的测定结果均以每千克所含厘摩尔盐（cmol/kg）或重量百分含量（%）表示。

二、土壤浸出液的制备

1. 方法原理

土壤中水溶性盐可按一定的水土比，用水溶液平衡法浸出。浸出时的水土比例、振荡时间和浸提方式对盐溶出量有一定影响。特别是对中溶性盐［如 $Ca(HCO_3)_2$、$CaSO_4$］和难溶盐来说，随着水土比的增大和浸泡时间的延长，其溶出量也随之增大，导致测定结果产生误差。为了便于交流和比较，必须采用统一的水土比、振荡时间。本实验采用 5∶1 的水土比，这种较大水土比的浸出，操作简便，易获得较多的浸出液，但这种水土比与田间土壤含水量状况差异较大，故在研究土壤溶液中盐的浓度与作物生长的关系时，应选用近似于田间情况差异小的水土比，如 2∶1 及 1∶1 饱和浆浸出液。本实验着重介绍常用的 5∶1 水土比浸出液。

2. 操作步骤

称取风干土样（1mm 或 2mm）50 g 放入 500mL 三角瓶中，用量筒准确加入 250mL 无 CO_2 的水，摇荡 3min，过滤，滤液用干燥三角瓶承接，最初的滤液如果浑浊，应重新过滤，直到滤液清亮为止，全部滤完后，将滤液充分摇匀备用。

较难滤清的土壤悬浊液，可用皱折的双层紧密滤纸反复过滤，也可用加聚丙烯酰胺或盐溶液（已知浓度）的方法使土壤胶粒凝聚后过滤。碱化的土壤和盐量低的粘土悬浊液，可用布氏漏斗与抽滤瓶进行抽滤。

过滤后的浸出液不能久放，电导率、pH 值、CO_3^{2-}、HCO_3^- 等项的测定，应立即进行，其他离子的测定最好能在当天做完。

三、土壤含盐量的测定

（一）重量法

1. 方法原理

取一定量的清亮盐分浸出液，蒸干，用 H_2O_2 除去干残渣中的有机质后，在 105℃ ~ 110℃烘干，称重即为"土壤水溶性总量"。

2. 试剂

10% ~ 15% H_2O_2。

3. 操作步骤

吸取完全清亮的土壤浸出液 50.0mL（100mL 浸出液可分两次取，每次 50mL）放入已知重量（m_1）的瓷蒸发皿中（重量最好不要超过 25 g），移放在水浴上蒸干。滴加 10% ~ 15%的 H_2O_2 少许，转动蒸发皿，使残渣湿润，继续蒸干。如此重复用 H_2O_2 处理，至有机质氧化殆尽，残渣呈白色为止。然后置 105℃ ~ 110℃烘烤 4h。取出放在干燥器中冷却约 30min，称重，再重复烘烤 2h，冷却，称至恒重（m_2），前后两次重量之差，不得大于 1 mg。计算土壤含盐量。

4. 结果计算

$$土壤含盐量（或总盐量）=\frac{m_2 - m_1}{w}\times100/w \qquad (13-1)$$

式中，w——与吸取浸出液相当的土样量（g）。

5. 注意事项

（1）吸取待测液的体积，应以盐分的多少而定，如含盐量＞5.0 g/kg，则吸取 25mL；含盐量小于 5.0 g/kg，则吸取 50mL 或 100mL。保持盐分量在 0.02 ~ 0.2 g。

（2）加过氧化氢去除有机质时，只要使残渣湿润即可，这样可以避免由于过氧化氢分解时泡沫过多，使盐分溅失，因而必须少量多次地反复处理，直至残渣完全变白为止。当溶液中有铁存在而出现黄色氧化铁时，不可误认为是有机质的颜色。

（3）由于盐分（特别是镁盐）在空气中容易吸水，故应在相同的时间和条件下冷却称重。

（二）电导分析法

1. 方法原理

土壤可溶性盐是强电解质，其水溶液具有导电作用。以测定电解质溶液的电导为基础的分析方法，称为电导分析法。在一定浓度范围内，溶液的含盐量与电导率呈正相关。因此，土壤浸出液的电导率的数值能反映土壤含盐量的高低，但不能反映混合盐的组成。如果土壤溶液中几种盐类彼此间的比值比较固定时，则用电导率值测定总盐分浓度的高低是相当准确的。土壤浸出液的电导率可用电导仪测定，并可直接用电导率的数值来表示土壤含盐量的高低。

将连接电源的两个电极插入土壤浸出液（电解质溶液）中，构成一个电导池。正负两种离子在电场作用下发生移动，并在电极上发生电化学反应而传递电子。

根据欧姆定律，当温度一定时，电阻与电极间的距离（L）成正比，与电极的截面积（A）成反比。

$$R = \rho \frac{L}{A} \tag{13-2}$$

式中，R——电阻（欧姆）；

ρ——电阻率。

当 $L = 1\,cm$，$A = 1cm^2$，则 $R = \rho$，此时测得的电阻即为电阻率 ρ。

溶液的电导是电阻的倒数，溶液的电导率（EC）则是电阻率的倒数。

$$EC = \frac{1}{\rho}$$

电导率的单位常用西门子/米（S/m）。土壤溶液的电导率一般小于 1 S/m，因此，常用分西门子/米（dS/m）表示。

两电极片间的距离和电极片的截面积难以精确测量，一般可用标准 KCl 溶液（其电导率在一定温度下是已知的）求出电极常数。

$$\frac{KC_{KCl}}{S_{KCl}} = K \tag{13-3}$$

式中，K——电极常数；

EC_{KCl}——标准 KCl 溶液（0.02mol/L）的电导率（dS/m），18℃ 时 $EC_{KCl} = 2.397dS/m$，25℃ 时 $EC_{KCl} = 2.765dS/m$；

S_{KCl}——同一电极在相同条件下实际测得的电导度值。

所以，待测液测得的电导度乘以电极常数就是待测液的电导率。

$$EC = KS \tag{13-4}$$

大多数电导仪有电极常数调节装置，可以直接读出待测液的电阻率，无须再考虑用电极常数计算结果。

2. 仪器

（1）电导仪。目前，应用较普遍的是 DDSJ-308 型等电导仪。此外还有适于野外工作的袖珍电导仪。

（2）电导电极。一般多用上海雷磁仪器厂生产的 DJS-1C 型等电导电极。此电极使用前后应浸在蒸馏水内，以防止铂黑的惰化。如果发现镀铂黑的电极失灵，可浸在 1∶9 的硝酸或盐酸中 2min，然后用蒸馏水冲洗再行测量。如情况无改善，则应重镀铂黑，将镀铂黑的电极浸入王水，电解数分钟，每分钟改变电流方向一次，铂黑即行溶解，铂片恢复光亮。用重铬酸钾浓硫酸的温热溶液浸洗，使其彻底洁净，再用蒸馏水冲洗。将电极插入 100mL 由 3 g 氯化铂和 0.02 g 醋酸铅配成的溶液中，接在 1.5V 的干电池上电解 10min，每 5min 改变电流方向 1 次，就能得到均匀的铂黑层，用水冲洗电极，不用时浸在蒸馏水中。

3. 试剂配制

0.02mol/L 的 KCl 标准溶液：称取经 105℃ 烘干 4~6h 的 KCl（分析纯）1.491 g，溶于少量无 CO_2 水中，转入 1L 容量瓶中定容，以备测定电极常数 K 值。

4. 操作步骤

浸出液的制备，详见（二、土壤浸出液的制备）。取土壤浸出液（或水样）30~40mL，放入 50mL 烧杯中，用少量待测液冲洗电极 2~3 次，将电极插入待测液中（电极的铂片部分应全部浸没在溶液中），然后按仪器说明书调节仪器，待指针的位置稳定后，记录电导度读数。取出电极，用蒸馏水冲洗干净，用滤纸吸干。每次测完一个试液，均须重复将电极洗净，用滤纸吸干再用。

测定溶液温度。如果连续测定一批样品时，则应每隔 10min 测一次液温，在 10min 内所测的样品，可用前后两次液温的平均值。

5. 结果计算

（1）土壤浸出液的电导率 EC_{25} = 电导度（S）×温度校正系数（f_t）×电极常数 K。

一般电导仪的电极常数值已在仪器上补偿，故只要乘以温度校正系数即可，不需要再乘电极常数。温度校正系数（f_t）见表 13-1，粗略校正时，可按每增高 1℃，电导度约增加 2% 计算。

当液温在 17℃~35℃ 时，液温与标准液温 25℃ 每差 1℃，则电导率约增减 2%，所以 EC_{25} 也可按下式直接算出。

$$EC_t = S_t \times K \tag{13-5}$$

$$EC_{25} = EC_t - [(t - 25) \times 2\% \times EC_t] = EC_t[1 - (t - 25) \times 2\%]$$

$$= KS_t[1 - (t - 25)] \times 2\%$$

表 13-1 电阻或电导之温度校正系数

温度/℃	校正值	温度/℃	校正值	温度/℃	校正值	温度/℃	校正值
3.0	1.709	20.0	1.112	25.0	1.000	30.0	0.907
4.0	1.660	20.2	1.107	25.2	0.996	30.2	0.904
5.0	1.663	20.4	1.102	25.4	0.992	30.4	0.901
6.0	1.569	20.6	1.097	25.6	0.988	30.6	0.897
7.0	1.528	20.8	1.092	25.8	0.983	30.8	0.894
8.0	1.488	21.0	1.087	26.0	0.979	31.0	0.890
9.0	1.448	21.2	1.082	26.2	0.975	31.2	0.887
10.0	1.411	21.4	1.078	26.4	0.971	31.4	0.884
11.0	1.375	21.6	1.073	26.6	0.967	31.6	0.880
12.0	1.341	21.8	1.068	26.8	0.964	31.8	0.877
13.0	1.309	22.0	1.064	27.0	0.960	32.0	0.873
14.0	1.277	22.2	1.060	27.2	0.956	32.2	0.870
15.0	1.247	22.4	1.055	27.4	0.953	32.4	0.867
16.0	1.218	22.6	1.051	27.6	0.950	32.6	0.864
17.0	1.189	22.8	1.047	27.8	0.947	32.8	0.861
18.0	1.163	23.0	1.043	28.0	0.943	33.0	0.858
18.2	1.157	23.2	1.038	28.2	0.940	34.0	0.843
18.4	1.152	23.4	1.034	28.4	0.936	35.0	0.829
18.6	1.147	23.6	1.029	28.6	0.932	36.0	0.815
18.8	1.142	23.8	1.025	28.8	0.929	37.0	0.801
19.0	1.136	24.0	1.020	29.0	0.925	38.0	0.788
19.2	1.131	24.2	1.016	29.2	0.921	39.0	0.775
19.4	1.127	24.4	1.012	29.4	0.918	40.0	0.763
19.6	1.122	24.6	1.008	29.6	0.914	41.0	0.750
19.8	1.117	24.8	1.004	29.8	0.911		

（2）标准曲线法（或回归法）计算土壤全盐量：从土壤含盐量（%）与电导率的相关曲线或回归方程测算土壤全盐量（%，或 g/kg）。

标准曲线的绘制：溶液电导度不仅与溶液中盐分浓度有关，而且也受盐分组成成分影响。要使电导度的数值能符合土壤溶液中盐分的浓度，就须预先用所测地区盐分的不同浓度的代表性土样若干个（如 20 个或更多一些）用残渣烘干法测得土壤水溶性盐总量（%）。再以电导法测其土壤溶液的电导度，换算成电导率（EC_{25}），在方格坐标纸上，以纵坐标为电导率，横坐标为土壤水溶性盐总量（%），画出各个散点，将有关点作出曲线，或者计算出回归方程。

有了这条直线或方程，可以把同一地区的土壤溶液盐分用同一型号的电导仪测得其电导度，改算成电导率，查出土壤水溶性盐总量（%）。

（3）直接用土壤浸出液的电导率来表示土壤水溶性盐总量。

目前国内多采用 5∶1 水土比例的浸出液作电导测定，不少单位正在进行浸出液的电导率与土壤盐渍化程度及作物生长关系的指标研究和拟定。

美国用水饱和的土浆浸出液的电导率来估计土壤全盐量，其结果较接近田间情况，并已有明确的应用指标，见表13-2。

表13-2　土壤饱和浸出液的电导率与盐分（%）和作物生长关系

电导率 $EC_{25}/dS \cdot m^{-1}$	盐分 $/g \cdot kg^{-1}$	盐渍化程度	植物反应
0~2	<1.0	非盐渍化土壤	对作物不产生盐害
2~4	1.0~3.0	盐渍化土壤	对盐分极敏感的作物产量可能受到影响
4~8	3.0~5.0	中度盐土	对盐分敏感作物产量受到影响，但对耐盐作物（苜蓿、棉花、甜菜、高粱、谷子）无多大影响
8~16	5.0~10.0	重盐土	只有耐盐作物有收成，但影响种子发芽，而且出现缺苗，严重影响产量
>16	>10.0	极重盐土	只有极少数耐盐植物能生长，如耐盐的牧草、灌木、树木等

6. 注意事项

（1）盐分测定制备土壤浸出液的用水，必须无 Cl^- 及无 Ca^{2+}；pH 值为 6.5~7.0；并需煮沸 15min 以去除 CO_2，冷却后即可使用。如用含 CO_2 高的水浸出时，会增加土样中 $CaCO_3$ 和 $CaSO_4$ 的溶解度。

（2）加 H_2O_2 处理残渣时，只要使残渣湿润即可，以避免 H_2O_2 分解有机质时，泡沫过多，致使盐分溅失。

（3）由于盐分（特别是氯化物）在空气中容易吸湿，故应使各样品在相同的时间和条件下冷却称重。

（4）溶液的电导率不仅与溶液的离子浓度、离子负荷及离子迁移率有关，且与溶液的温度有关。一般每增加 1℃，电导值约增加 2%。通常都把电导值换算为标准温度 25℃时的电导值。不同温度下 0.020 0mol/L 的 KCl 标准溶液的电导率见表13-3。

（5）电极常数 K 值的测定，最方便的办法是用已知电导率 EC 的标准盐溶液，用待测定的电极测定此标准液的电导（C）从公式 $K = \dfrac{BC}{c}$ 求得 K 值。

表13-3　不同温度下 0.020 0mol/L 的 KCl 标准溶液的电导率　　　单位：dS/m

温度/℃	电导率	温度/℃	电导率	温度/℃	电导率	温度/℃	电导率
11	2.043	16	2.294	21	2.553	26	2.819
12	2.033	17	2.345	22	2.606	27	2.873

表13-3(续)

温度/℃	电导率	温度/℃	电导率	温度/℃	电导率	温度/℃	电导率
13	2.142	18	2.397	23	2.659	28	2.927
14	2.193	19	2.449	24	2.712	29	2.981
15	2.243	20	2.501	25	2.765	30	3.096

四、土壤水溶性盐组成的测定

(一)土壤阳离子的测定

土壤水溶性盐中的阳离子包括 Ca^{2+}、Mg^{2+}、K^+、Na^+。Ca^{2+} 和 Mg^{2+} 的测定中普遍应用的是 EDTA 滴定法。它可不经分离而同时测定钙镁含量,符合准确和快速分析的要求。近年来,人们广泛应用原子吸收光谱法测定钙和镁。K^+、Na^+ 的测定普遍使用的火焰光度法。

1. 钙和镁的测定——EDTA 滴定法

(1)方法原理。

EDTA 能与许多金属离子 Mn、Cu、Zn、Ni、Co、Ba、Sr、Ca、Mg、Fe、Al 等配合反应,形成微离解的无色稳定性化合物。

但在土壤水溶液中除 Ca^{2+} 和 Mg^{2+} 外,能与 EDTA 配合的其他金属离子的数量极少,可不考虑。因而可用 EDTA 在 pH10 时直接测定 Ca^{2+} 和 Mg^{2+} 的数量。

干扰离子加掩蔽剂消除,待测液中 Mn、Fe、Al 等金属含量多时,可加三乙醇胺掩蔽。2mL 1:5 的三乙醇胺溶液能掩蔽 5~10 mg Fe、10 mg Al、4 mg Mn。

当待测液中含有大量 CO_3^{2-} 或 HCO_3^- 时,应预先酸化,加热除去 CO_2,否则用 NaOH 溶液调节待测溶液到 pH12 以上时会有 $CaCO_3$ 沉淀形成,用 EDTA 滴定时,由于 $CaCO_3$ 逐渐离解而使滴定终点拖长。

当单独测定 Ca 时,如果待测液含 Mg^{2+} 超过 Ca^{2+} 的 5 倍,用 EDTA 滴定 Ca^{2+} 时应先稍加过量的 EDTA,使 Ca^{2+} 先和 EDTA 配合,防止碱化形成的 $Mg(OH)_2$ 沉淀对 Ca^{2+} 的吸附。最后再用 $CaCl_2$ 标准溶液回滴过量 EDTA。

单独测定 Ca 时,使用的指示剂有紫尿酸铵,钙指示剂(NN)或酸性铬蓝 K 等。测定 Ca、Mg 含量时使用的指示剂有铬黑 T、酸性铬蓝 K 等。

(2)主要仪器。

磁性搅拌器,10mL 半微量滴定管。

(3)试剂。

①2mol/L 的氢氧化钠:溶解氢氧化钠 40 g 于水中,稀释至 500mL,贮于塑料瓶中,备用。

②铬黑 T 指示剂：溶解 0.2 g 铬黑 T 于 50mL 甲醇中，贮于棕色瓶中备用，此液每月配制 1 次，或者溶解 0.2 g 铬黑 T 于 50mL 三乙醇胺中，贮于棕色瓶。这样配制的溶液比较稳定，可用数月，或者称 0.5 g 铬黑 T 与 100 g 干燥 NaCl（分析纯）共同研细，贮于棕色瓶中，用毕即刻盖好，可长期使用。

③酸性铬蓝 K$^+$萘酚绿 B 混合指示剂（K—B 指示剂）：称取 0.5 g 酸性铬蓝 K 和 1 g 萘酚绿 B 与 100 g 干燥 NaCl（分析纯）共同研磨成细粉，贮于棕色瓶中或塑料瓶中，用毕即刻盖好，可长期使用。或者称取 0.1 g 酸性铬蓝 K，0.2 g 萘酚绿 B，溶于 50 mL 水中备用，此液每月配制 1 次。

④浓 HCl（化学纯，$\rho = 1.19$ g/mL）。

⑤1∶1HCl（化学纯）：取 1 份盐酸加 1 份水。

⑥pH10 缓冲溶液：称取 67.5 g 氯化铵（化学纯）溶于无 CO_2 的水中，加入 570mL 浓氨水（化学纯，$\rho = 0.9$ g/mL，含氨 25%），用水稀释至 1L，贮于塑料瓶中，并注意防止吸收空气中的 CO_2。

⑦0.01mol/L Ca 标准溶液：准确称取 0.5004 g 在 105℃ 下烘干 4~6h 的分析纯 $CaCO_3$，溶于 25mL0.5 mol/L HCl 中煮沸除去 CO_2，用无 CO_2 蒸馏水洗入 500mL 量瓶，并稀释至刻度。

⑧0.01mol/L EDTA 标准溶液：称取 3.720 g EDTA 溶于无 CO_2 的蒸馏水中，微热溶解，冷却定容至 1L。用标准 Ca^{2+} 溶液标定，贮于塑料瓶中，备用。

（4）EDTA 标准溶液标定。

称取 110℃ 干燥的 $CaCO_3$（一级或二级）约 0.4000 g，放在 400mL 烧杯中，用少量水浸润，慢慢加入 10mL 1∶1HCl，盖上表面皿，小心地加热促溶，并驱尽 CO_2，冷却后移入 500mL 容量瓶中，定容后得钙标准溶液。

吸取钙标准溶液 25mL 于 250mL 三角瓶中，加入 2mL pH10 缓冲溶液和少许铬黑体试剂（约 0.1 g），用配置好的 EDTA 标准溶液滴定，滴定至酒红色变为蓝绿色为终点，同时做空白试验，按下式计算 EDTA 标准溶液的摩尔浓度（N），取 3 次标定结果的平均值为最终浓度。

$$EDTA(mol/L) = \frac{W \times \left(\dfrac{25}{250}\right)}{V \times \left(\dfrac{40}{1\,000}\right)} \tag{13—6}$$

式中，W——纯钙的重量（g）；

V——滴定消耗 EDTA 的体积（mL）；

40——钙的原子量。

（5）操作步骤。

①钙的测定。

吸取土壤浸出液或水样 10~20mL（含 Ca0.02~0.2mol）放在 150mL 烧杯中，加 1∶1 HCL 2 滴，加热 1min，除去 CO_2，冷却，将烧杯放在磁搅拌器上，杯下垫一张白纸，以便观察颜色变化。

给此溶液中加 2 mol/L 的 NaOH 2mL 中和 HCl，调节 pH 为 12 的钙指示剂使溶液呈酒红色，搅匀放置 1~2min，再加一小玻璃勺 K—B 指示剂，搅动以便 Mg（OH）$_2$ 沉淀。

用 EDTA 标准溶液滴定，其终点由紫红色至蓝绿色。当接近终点时，应放慢滴定速度，5~10s 加 1 滴。如果无磁搅拌器时应充分搅动，谨防滴定过量，否则将会得不到准确终点。记下 EDTA 用量（V_1）。

②Ca、Mg 含量的测定。

吸取土壤浸出液或水样 1~20mL（每份含 Ca 和 Mg 0.01~0.1mol）放在 150mL 的烧杯中，加 1∶1HCl 2 滴摇动，加热至沸 1min，除去 CO_2，冷却。加 3.5mLpH10 缓冲液，加 1~2 滴铬黑 T 指示剂，用 EDTA 标准溶液滴定，终点颜色由深红色到天蓝色，如加 K—B 指示剂则终点颜色由紫红变成蓝绿色，消耗 EDTA 量（V_2）。

（6）结果计算。

$$土壤水溶性钙(1/2Ca)含量(cmol/kg) = \frac{c(EDTA) \times V_1 \times 2 \times ts}{m} \times 100$$

$$土壤水溶性钙(Ca)含量(g/kg) = \frac{c(EDTA) \times V_1 \times ts \times 0.040}{m} \times 1\,000 \qquad (13-7)$$

$$土壤水溶性镁(1/2Mg)含量(cmol/kg) = \frac{c(EDTA) \times (V_2 - V_1) \times 2 \times ts}{m} \times 100$$

$$土壤水溶性镁(Mg)含量(g/kg) = \frac{c(EDTA) \times (V_2 - V_1) \times ts \times 0.024\,4}{m} \times 1\,000$$

式中，V_1——滴定 Ca^{2+} 时所用的 EDTA 体积（mL）；

V_2——滴定时 Ca^{2+}、Mg^{2+} 含量时所用的 EDTA 体积（mL）；

c（EDTA）——EDTA 标准溶液的浓度（mol/L）；

ts——分取倍数；

m——烘干土壤样品的质量（g）。

2. 钙和镁的测定——原子吸收分光光度法

（1）主要仪器。

原子吸收分光光度计（附 Ca、Mg 空心阴极灯）。

（2）试剂。

①50 g/L LaCl$_3$·7H$_2$O 溶液：称 13.40 g LaCl$_3$·7H$_2$O 溶于 100mL 水中，此为 50 g/L 镧溶液。

②100 μg/mL Ca 标准溶液：称取 CaCO$_3$（分析纯，在 110℃烘 4h）0.250 0g 溶于 1mol/L HCl 溶剂中，煮沸赶去 CO$_2$，用水吸入 1 000mL 的容量瓶中，定容。此溶液 Ca 浓度为 1 000μg/mL，再稀释成 100μg/mLCa 标准溶液。

③25μg/mL Mg 标准溶液：称金属镁（化学纯）0.100 0 g 溶于少量 6mol/L HCl 溶剂中，用水吸入 1 000mL 的容量瓶中，此溶液 Mg 浓度为 100μg/mL，再稀释成 25μg/mL Mg 标准溶液。

将以上这两种标准溶液配制成 Ca、Mg 混合标准溶液系列，含 Ca 0～20μg/mL；Mg0～1.0μg/mL，最后应含有待测液相同浓度的 HCl 和 LaCl$_3$。

（3）操作步骤。

吸取一定量的土壤浸出液于 50mL 的容量瓶中，加 50 g/L LaCl$_3$ 溶液 5mL，用去离子水定容。在选择工作条件的原子吸收分光光度计上分别在 422.7nm（Ca）及 285.2nm（Mg）波长处测定溶液吸收值。可用自动进样系统或手控进样，读取记录标准溶液和待测液的结果。并在标准曲线上查出（或回归法求出）待测液的测定结果。在批量测定中，应按照一定时间间隔用标准溶液校正仪器，以保证测定结果的正确性。

（4）结果计算。

土壤水溶性钙（Ca^{2+}）含量（g/kg）＝ρ（Ca^{2+}）×50×ts×10^3/m

土壤水溶性钙（1/2Ca）含量（cmol/kg）＝ Ca^{2+}（g/kg）/0.020

土壤水溶性钙（Mg^{2+}）含量（g/kg）＝ρ（Mg^{2+}）×50×ts×10^3/m （13-8）

土壤水溶性钙（1/2Mg）含量（cmol/kg）＝ Mg^{2+}（g/kg）/0.012 2

式中，ρ（Ca^{2+}）或 ρ（Mg^{2+}）——钙或镁的质量浓度（μg/mL）；

ts——分取倍数；

50——待测液体积（mL）；

0.020 和 0.012 2——1/2 Ca^{2+} 和 1/2Mg^{2+} 的摩尔质量（kg/mol）；

m——土壤样品的质量（g）。

3. 钾和钠的测定——火焰光度法

（1）方法原理。

K、Na 元素通过火焰燃烧容易激发而放出不同能量的谱线，用火焰光度计测示出来，以确定土壤溶液中的 K、Na 含量，为抵消 K、Na 二者的相互干扰，可把 K、Na 配成混合标准溶液，而待测液中的 Ca 对于 K 干扰不大，但对 Na 影响较大。当 Ca 达 400

mg/L 时对 K 测定无影响，而 Ca 在 20mg/L 时对 Na 就有干扰，可用 $Al_2(SO_4)_3$ 抑制 Ca 的激发减少干扰；200 mg/L Fe^{3+}，500mg/L Mg^{2+} 对 K、Na 测定皆无干扰。

（2）仪器。

火焰光度计。

（3）试剂。

①$c = 0.1mol/L$ $1/6$ $Al_2(SO_4)_3$ 溶液：称取 $Al_2(SO_4)_3$ 34 g 或 $Al_2(SO_4)_3 \cdot 18H_2O$ 66 g 溶于水中，稀释至 1L。

②K 标准溶液：称取在 105℃ 烘干 4~6h 的分析纯 KCl 1.906 9 g 溶于水中，定容成 1L，则含 K 为 1 000 μg/mL，吸取此液 100mL，定容 1L，则得 100 μg/mL K 标准溶液。

③Na 标准溶液：称取在 105℃ 烘干 4~6h 的分析纯 NaCl 2.542 g 溶于水中，定容成 1L，则含 Na 为 1 000 μg/mL，吸取此液 250mL，定容至 1L，则得 250 μg/mL Na 标准溶液。

按照需要可将 K、Na 两标准溶液配成不同浓度和比例的混合标准溶液（如将 100 μg/mL K 和 250 μg/mL Na 标准溶液等体积混合则得 50 μg/mL K 和 125 μg/mL Na 的混合标准溶液，贮在塑料瓶中备用）。

（4）操作步骤。

吸取土壤浸出液 10~20mL，放入 50mL 容量瓶中，加 0.1mol/L 1/6 $Al_2(SO_4)_3$ 溶液 1mL，定容。在火焰光度计上测试（每测一个样品都要用水或被测液充分吸洗喷雾系统），记录检流计读数，在标准曲线上查出它们的浓度。

标准曲线的制作。吸取 K、Na 混合标准溶液 0，2，4，6，8，10，12，16，20mL，分别移入 9 个 50mL 的容量瓶中，加 0.1mol/L 1/6 $Al_2(SO_4)_3$ 溶液 1mL，定容，得含 K 为 0，2，4，6，8，10，12，16，20 μg/mL 和含 Na 为 0，5，10，15，20，25，30，40，50 μg/mL 的标准溶液。

用上述系列标准溶液，在火焰光度计上用各自的滤光片分别测出 K 和 Na 在检流计上的读数。以检流计读数为纵坐标，以 K 或 Na 浓度为横坐标作出 K、Na 的标准曲线，求出回归方程。

（5）结果计算。

$$土壤水溶性 K^+、Na^+ 含量（g/kg） = \rho(K^+、Na^+) \times 50 \times ts \times 10^3/m \quad (13-9)$$

式中，$\rho(K^+、Na^+)$——钾或钠的质量浓度（μg/mL）；

ts——分取倍数；

50——待测液体积（mL）；

m——土壤样品的质量（g）。

（二）土壤阴离子的测定

通常用阴离子的种类和含量划分盐土种类，在盐土的化学分析中，须进行阴离子测定。在阴离子分析中，测定 SO_4^{2-} 的标准方法是 $BaSO_4$ 重量法，但常用的是比浊法，或半微量 EDTA 间接配合滴定法或差减法。其他阴离子多采用半微量滴定法。

1. 碳酸根和重碳酸根的测定——双指示剂—中和滴定法

（1）方法原理。

土壤水浸出液的碱度主要决定于碱金属和碱土金属的碳酸盐及重碳酸盐。溶液中同时存在碳酸根和重碳酸根时，可以应用双指示剂进行滴定。

$$Na_2CO_3 + HCl = NaHCO_3 + NaCl（pH8.3 为酚酞终点）$$

$$Na_2CO_3 + HCl = NaCl + CO_2 + H_2O（pH4.1 为溴酚蓝终点）$$

由标准酸的两步用量可分别求得土壤中 CO_3^{2-} 和 HCO_3^- 的含量。滴定时标准酸如果采用 H_2SO_4，则滴定后的溶液可以继续测定 Cl^- 的含量。对于质地黏重、碱度较高或有机质含量高的土壤，会使溶液带有黄棕色，终点很难确定，可采用电位滴定法（即采用电位指示滴定终点）。

（2）试剂。

①5g/L 酚酞指示剂：称取酚酞指示剂 0.5g，溶于 100mL 的 600mL/L 的乙醇中。

②1g/L 溴酚蓝（Bromophenol blue）指示剂：称取溴酚蓝 0.1g，在少量 950mL/L 的乙醇中研磨溶解，然后用乙醇稀释至 100mL。

③0.01mol/L $1/2H_2SO_4$ 标准溶液：量取浓 H_2SO_4（$\rho = 1.84g/mL$）2.8mL 加水至 1L，将此溶液再稀释 10 倍，再用标准硼砂标定其准确浓度。

（3）操作步骤。

吸取两份 10~20mL 土水比为 1∶5 的土壤浸出液，放入 100mL 的烧杯中。把烧杯放在磁搅拌器上开始搅拌，或用其他方式搅拌，加酚酞指示剂 1~2 滴（每 10mL 加指示剂 1 滴），如果有紫红色出现，表示有碳酸盐存在，用 H_2SO_4 标准溶液滴定至浅红色刚一消失即为终点，记录所用 H_2SO_4 溶液的毫升数（V_1）。溶液中再加溴酚蓝指示剂 1~2 滴，在搅拌中继续用标准 H_2SO_4 溶液滴定至终点，当蓝紫色刚褪去，记录加溴酚蓝指示剂后所用 H_2SO_4 标准溶液的毫升数（V_2）。

（4）结果计算。

$$土壤中水溶性 CO_3^{2-} 含量（cmol/kg）= \frac{2V_1 \times c \times ts}{m} \times 100$$

$$土壤中水溶性 CO_3^{2-} 含量（g/kg）= 1/2CO_3^{2-}（cmol/kg）\times 0.0300$$

$$土壤中水溶性 HCO_3^{2-} 含量（cmol/kg）= \frac{(V_2 - 2V_1) \times c \times ts}{m} \times 100 \tag{13-10}$$

土壤中水溶性 CO_3^{2-} 含量（g/kg）= HCO_3^{2-}（cmol/kg）×0.061 0

式中，V_1——酚酞为指示剂达终点时消耗的 H_2SO_4 标准溶液体积（mL）；

   V_2——溴酚蓝为指示剂达终点时消耗的 H_2SO_4 标准溶液体积（mL）；

   c——1/2H_2SO_4 摩尔浓度（mol/L）；

   ts——分取倍数；

   m——烘干土样质量（g）；

   0.030 0 和 0.061——分别为 CO_3^{2-} 和 HCO_3^{2-} 的摩尔质量（kg/mol）。

2. 氯离子的测定——硝酸银滴定法

（1）方法原理。

用 $AgNO_3$ 标准溶液滴定 Cl^{-1} 是以 K_2CrO_4 为指示剂，其反应如下：

$$Cl^- + Ag^+ \rightarrow AgCl \downarrow （白色）$$

$$CrO_4^{2-} + 2Ag^+ \rightarrow Ag_2CrO_4 \downarrow （棕红色）$$

$AgCl$ 和 Ag_2CrO_4 虽然都是沉淀，但在室温下，$AgCl$ 的溶解度（1.5×10^{-3}g/L）比 Ag_2CrO_4 的溶解度（2.5×10^{-3}g/L）小，所以当溶液中加入 $AgNO_3$ 时，Cl^- 首先与 Ag^+ 作用形成白色 $AgCl$ 沉淀，当溶液中 Cl^- 全被 Ag^+ 沉淀后，则 Ag^+ 就与 K_2CrO_4 指示剂起作用，形成棕红色 Ag_2CrO_4 沉淀，此时即达终点。

用 $AgNO_3$ 滴定 Cl^- 时应在中性溶液中进行。在酸性环境中会发生如下反应：

$$CrO_4^{2-} + H^+ \rightarrow HCrO_4^-$$

因而降低了 K_2CrO_4 指示剂的灵敏性。如果在碱性环境中则：

$$Ag^+ + OH^- \rightarrow AgOH \downarrow$$

而 $AgOH$ 饱和溶液中的 Ag^+ 浓度比 Ag_2CrO_4 饱和液中的为小，所以 $AgOH$ 将先于 Ag_2CrO_4 沉淀出来。上述过程均会造成 Cl^- 的滴定到达终点而无棕红色沉淀出现以致影响 Cl^- 的测定。换言之，用测定 CO_3^{2-} 和 HCO_3^- 以后的溶液进行 Cl^- 的测定比较合适，在黄色中滴定，终点更易辨别。

如果从苏打盐土中提出的浸出液颜色发暗不易辨别终点颜色变化时，则改用电位滴定法滴定 Cl^-。

（2）试剂。

①50 g/L 铬酸钾指示剂：将 5g K_2CrO_4 溶于大约 75mL 水中，滴加饱和的 $AgNO_3$ 溶液，直到出现棕红色 Ag_2CrO_4 沉淀为止，避光放置 24h，倾弃或过滤除去 Ag_2CrO_4 沉淀，将清液稀释至 100mL，贮在棕红瓶中，备用。

②0.025mol/L 硝酸银标准溶液：将 105℃烘干的 $AgNO_3$ 4.246 8g 溶于水中，稀释至 1L。

硝酸银标准溶液标定：

吸取 0.040 0 mol/L NaCl 溶液 25mL 三份，放入 250mL 的三角瓶中，加铬酸钾指示剂 4 滴，用待测的 AgNO₃ 标准溶液滴定，颜色由黄至砖红为终点。

$$AgNO_3（mog/L）= \frac{V_1 \times N_1}{V} \qquad (13-11)$$

式中，V_1——NaCl 溶液的体积（25mL）；

N_1——NaCl 溶液的浓度（0.040 0 mol/L）；

V——滴定消耗 AgNO₃ 的用量（mL）。

（3）操作步骤。

用滴定碳酸盐和重碳酸盐以后的溶液继续滴定 Cl⁻。如果不用这个溶液，可另取两份新的土壤浸出液，用饱和 NaHCO₃ 溶液或 0.05 mol/L H₂SO₄ 溶液调至酚酞指示剂红色褪去。

每 5mL 溶液加 K₂CrO₄ 指示剂 1 滴，在磁搅拌器上，用 AgNO₃ 标准溶液滴定。无磁搅拌器时，滴加 AgNO₃ 时应随时搅拌或摇动，直到刚好出现棕红色沉淀不再消失为止。

（4）结果计算。

$$土壤中水溶性 Cl⁻ 含量（cmol/kg）= \frac{V \times c \times ts}{m} \times 100 \qquad (13-12)$$

$$土壤中水溶性 Cl⁻ 含量（g/kg）= Cl⁻（cmol/kg）\times 0.035 45$$

式中，V——消耗的 AgNO₃ 标准溶液体积（mL）；

c——AgNO₃ 摩尔浓度（mol/L）；

ts——分取倍数；

m——烘干土样质量（g）；

0.035 45——Cl⁻ 的摩尔质量（kg/mol）。

3. 硫酸根的测定——EDTA 间接络合滴定法

（1）方法原理。

用过量氯化钡将溶液中的硫酸根完全沉淀。为了防止 BaCO₃ 沉淀的产生，在加入 BaCl₂ 溶液之前，待测液必须酸化，同时加热至沸以赶出 CO₂，趁热加入 BaCl₂ 溶液以促进 BaSO₄ 沉淀，形成较大颗粒。

过量 Ba²⁺ 连同待测液中原有的 Ca²⁺ 和 Mg²⁺，在 pH10 时，以铬黑 T 指示剂，用 EDTA 标准液滴定。为了使终点明显，应添加一定量的镁。从加入钡及镁所消耗 EDTA 的量（用空白标定求得）和同体积待测液中原有 Ca²⁺、Mg²⁺ 所消耗 EDTA 的量之和减去待测液中原有 Ca²⁺、Mg²⁺ 以及与 SO₄²⁻ 作用后剩余钡及镁所消耗 EDTA 的量，即为消耗于沉淀 SO₄²⁻ 的 Ba²⁺ 量，从而可求出 SO₄²⁻ 量。如果待测液中 SO₄²⁻ 浓度过大，则应减少用量。

（2）试剂。

①钡镁混合液：称 $BaCl_2 \cdot 2H_2O$（化学纯）2.44g 和 $MgCl_2 \cdot 6H_2O$（化学纯）2.04g 溶于水中，稀释至 1L，此溶液中 Ba^{2+} 和 Mg^{2+} 的浓度各为 0.01mol/L，每毫升约可沉淀 SO_4^{2-} 1mg。

②1∶4 HCl 溶液：一份浓盐酸（HCl，$\rho \approx 1.19g/mL$，化学纯）与 4 份水混合。

③0.01mol/L EDTA 标准溶液：取 EDTA 3.720g 溶于无 CO_2 的蒸馏水中，微热溶解，冷却定容至 1 000mL。用标准 Ca^{2+} 溶液标定，方法同滴定 Ca^{2+}。此液贮于塑料瓶中备用。

④pH10 的缓冲溶液：称取氯化铵（NH_4Cl，分析纯）33.75g 溶于 150mL 水中，加氨水 285mL，用水稀释至 500mL。

⑤铬黑 T 指示剂：溶解铬黑 T0.2g 于 50mL 甲醇中，贮于棕色瓶中备用，此液每月配制 1 次，或者溶解铬黑 T0.2g 于 50mL 三乙醇胺中，贮于棕色瓶。这样配制的溶液比较稳定，可用数月。或者称铬黑 T0.5g 与干燥分析纯 NaCl 100g 共同研细，贮于棕色瓶中，用毕即刻盖好，可长期使用。

⑥酸性铬蓝 K+萘酚绿 B 混合指示剂（K—B 指示剂）：称取 0.5g 酸性铬蓝 K 和 1g 萘酚绿 B，与 100g 干燥分析纯 NaCl 共同研磨成细粉，贮于棕色瓶中或塑料瓶中，用毕即刻盖好，可长期使用。或者称取 0.1g 酸性铬蓝 K，0.2g 萘酚绿 B，溶于 50 mL 水中备用，此液每月配制 1 次。

（3）操作步骤。

①吸取 25.00mL 土水比为 1∶5 的土壤浸出液于 150mL 三角瓶中，加 1∶4 HCl 5 滴，加热至沸，趁热用移液管缓缓地准确加入过量 25%～100% 的钡镁混合液（5～10mL）继续微沸 5min，然后放置 2h 以上。

加 5mL pH10 缓冲溶液，加 1～2 滴铬黑 T 指示剂，或 1 小勺 K-B 指示剂（约 0.1g），摇匀。用 EDTA 标准溶液滴定由酒红色变为纯蓝色。如果终点前颜色太浅，可补加一些指示剂，记录 EDTA 标准溶液的体积（V_1）。

②空白标定：取 25mL 水，加入 5 滴 1∶4 HCl，5 或 10mL 钡镁混合液（用量与上述待测液相同），5mL pH10 缓冲溶液和 1～2 滴铬黑 T 指示剂或 1 小勺 K-B 指示剂（约 0.1g），摇匀后，用 EDTA 标准溶液滴定由酒红色变为纯蓝色，记录 EDTA 标准溶液的体积（V_2）。

③土壤浸出液中钙镁含量的测定（如土壤中 Ca^{2+}、Mg^{2+} 已知，可免去此步骤）。

吸取上述①土壤浸出液相同体积，加 2 滴 1∶1 HCl 摇动，加热至沸 1min，除去

CO_2，冷却。加 3.5mLpH10 缓冲液，加 1~2 滴铬黑 T 指示剂，用 EDTA 标准溶液滴定，终点颜色由深红色变成天蓝色，如加 K—B 指示剂则终点颜色由紫红色变成蓝绿色，记录 EDTA 标准溶液的用量（V_3）。

（4）结果计算。

$$土壤中水溶性 1/2SO_4^{2-} 含量(cmol/kg) = \frac{(V_2 + V_3 - V_1) \times c(EDTA) \times ts \times 2}{m} \times 100$$

$$土壤中水溶性 SO_4^{2-} 含量（g/kg）= 1/2SO_4^{2-}（cmol/kg）\times 0.048\,0$$

$$(13-13)$$

式中，V_1——待测液中原有 Ca^{2+}、Mg^{2+} 以及 SO_4^{2-} 作用后剩余钡镁剂所消耗的总 EDTA 溶液的体积（mL）；

V_2——钡镁剂（空白标定）所消耗的 EDTA 溶液的体积（mL）；

V_3——同体积待测液中原有 Ca^{2+}、Mg^{2+} 所消耗的 EDTA 溶液的体积（mL）；

c——EDTA 标准溶液的摩尔浓度（mol/L）；

ts——分取倍数；

m——烘干土样质量（g）；

0.048 0——1/2 SO_4^{2-} 的摩尔质量（kg/mol）。

（5）注意事项。

由于土壤中 SO_4^{2-} 含量变化较大，有些土壤 SO_4^{2-} 含量很高，可用下式判断所加沉淀剂 $BaCl_2$ 是否足量。

$V_2 + V_3 - V_1 = 0$，表明土壤中无 SO_4^{2-}。$V_2 + V_3 - V_1 < 0$，表明操作错误。

如果 $V_2 + V_3 - V_1 = A$（mL），A+A×25% 小于所加 $BaCl_2$ 体积，表明所加沉淀剂足量。A+A×25% 大于所加 $BaCl_2$ 体积，表明所加沉淀剂不够，应重新少取待测液，或者多加沉淀剂重新测定 SO_4^{2-}。

作业思考题：

1. 试比较重量法和电导法测定土壤全盐量的测定条件及优缺点。

2. 测定 Ca^{2+}、Mg^{2+} 时的待测液碱化后不宜久放，为什么？

3. 在盐碱土中，当 $Ca^{2+} : K > 10 : 1$ 时，Ca^{2+} 对 Na^+ 产生干扰，为什么？

4. 测定土壤全盐量或离子含量的允许误差是多少？如何计算？

实验十四　室内土壤形态特征标本的观察

一、实验目的和实验意义

土壤形态特征是指土壤基本性状的外在表现，包括土壤的颜色、物质组成、结构性以及土层构造等。辨认和熟悉土壤的形态特征，是认识土壤的基础，也是在田间区分不同土壤类型和性质的重要依据，对于认土、用土和改土等方面均具有重要意义。本实验的目的是在室内辨认已备好的几种土壤不同形态标本，以增强感性认识，为下一实验"田间认土"进行剖面观察做好准备。具体讲，土壤的形态特征的外部性状，包括土壤颜色、质地粗细、松紧和孔隙状况、结构性、墒情、新生体、侵入体、植物根系分布、土壤动物和石灰反应等。

二、实验内容和实验说明

（一）土壤颜色

土壤颜色是土壤最显著的特征之一，是土壤内在特性的外部表现。有的土壤就是以颜色命名的，如黄土、红壤、黑土、紫色土等。通过土壤颜色的感观就可初步判断土壤的固相组成和性状。

（1）我国北方的土壤腐殖质含量较高，土壤颜色就深。腐殖质含量达 1% 上下，土壤为灰色；2%~3% 时则为深灰；大于 3% 时则为黑色。在腐殖质含量相近时，则质地愈粗，颜色越深。

（2）土壤湿度越大（土壤含水量越高），土色越深。故在鉴定土色时必须注意其湿度。

（3）$Fe_2O_3 \cdot nH_2O$ 常使土壤呈黄色，失水后呈红棕色或红色。Fe 的氧化物常呈胶膜形态包被土粒表面，成为土壤的染色剂。在还原条件下，铁的化合物常呈深蓝、蓝绿、青灰、灰白颜色。

（4）SiO_2、$CaCO_3$、$CaSO_4$、$NaCl$、Na_2SO_4 等结晶或粉末；高岭石、石英、氧化铝、白云母等矿物都为白色或无色，它们在土壤中含量较多，使土色变浅，极多时则呈灰色，甚至白色。土色越浅说明养分含量越贫乏。

在描述土壤颜色时，一般把主色放在后，副色放在前，并冠以深、暗、浅等词以形容颜色的深浅程度。如浅黄棕色，即主色为棕色，副色为黄色，前面冠以浅加以形容。

土壤由多种成分组成，故颜色并非单一，各种土壤颜色和土壤的形成要素之间存在一定的相互关系。土壤颜色也可用门赛尔颜色系统和门赛尔颜色命名法制成的土壤比色卡进行判定。

（二）土壤质地

土壤质地粗细程度对土壤水、肥、气、热状况，植物扎根难易及耕性影响很大，不同粗细土层在剖面上的排列状况对土壤肥力，乃至土壤的生产力有极其重要的意义。粗质地土壤疏松，通气透水，有利于植物扎根，但不保水不保肥，养分贫乏；细质地土壤紧实，扎根困难，通气透水不良，养分含量较多，但可利用的养分较少；壤质土水、肥、气、热协调，是一种良好的土壤质地。

质地分类各国标准不一，新中国成立后我国一直沿用苏联卡庆斯基分类系统。近年来，随着国际交往增多，又开始采用美国农业部分类制（详见教材47~50页）。

在田间采用简易"眼看手摸"估测土壤质地，此法虽不太准确，熟练后也能满足生产要求，其特点是简单、实用、快速。

田间辨认质地的方法：取一小把（块）土，加水少许至半饱和状态，即粘手又不粘手或半干半湿状态，然后按以下规格辨认。

砂土——无论加多少水，也不能搓成球。

砂壤土——可搓成小球，但球面不平，有裂口易碎。

轻壤土——可搓成粗约3mm的小细条，但拿起来时立即碎成数段。

中壤土——可搓成细条，但当弯成直径为2~3cm的小圆环时，即刻裂口和碎断。

重壤土——可搓成粗约2~3mm的小条，易成2~3cm的小环，将小环压扁时出现裂隙。

黏土——可搓成小球→细长条→弯成小环，压扁后无裂隙。

（三）土壤结构

土壤结构是指土粒相互连接或胶结而成的团聚体。土壤结构大小、形状和性质不同，所反映的生产性状也不一样。根据布鲁尔的定义，把土壤结构看成是"根据土粒和孔隙的大小、形状以及排列方式等特征构成土壤物质的物理性结构"较为恰当。由此可见，土壤结构与土壤孔隙密不可分，土壤结构是土壤孔隙的调节器。土壤结构分类见表14-1。

表 14-1　土壤结构分类　　　　　　　　　单位：mm

类型	形状	大小
块状结构体： 具有平直式变曲面的立体乃至多面体，相邻的结构团粒的表面相互连接，三轴发育相近	块状： 表面平，边缘棱角明显	极小<5（含） 小 5~10（含） 中 10~20（含） 大 20~50（含） 极大>50
	亚块状： 表面平，稍有圆拱，边缘圆滑无棱角	极小< 5（含） 小 5~10（含） 中 10~20（含） 大 20~50（含） 极大>50
柱状结构体： 垂直轴比其他两轴发育良好，呈垂直排列	棱柱状： 柱头部棱角明显	极小< 10（含） 小 10~20（含） 中 20~50（含） 大 50~100（含） 极大>100
	圆柱状： 柱头部圆形	极小< 10（含） 小 10~20（含） 中 20~50（含） 大 50~100（含） 极大>100
片状结构体： 水平两轴发育良好，呈水平排列	片状	最薄< 1（含） 薄 1~2（含） 中 2~5（含） 厚 5~10（含） 最厚>10
团粒结构体： 几乎为等边多角形乃至球形	粒状： 团粒本身排列较紧密	最小< 1（含） 小 1~2（含） 中 2~5（含） 大 5~10（含） 最大>10
	团块状： 团粒本身为多孔性	最小< 1（含） 小 1~2（含） 中 2~5（含） 大 5~10（含） 最大>10

　　在常见的土壤结构中，耕层有团粒、坷垃、板结和结皮；犁底层有片状；底土层有核状或粒状、柱状和棱柱等结构。

　　团粒结构是农业上最优良的结构体，近似圆形，无棱角，其中以直径 1~3mm 大小较好，多出现在熟化程度较高的耕层或表层。

坷垃、板结和结皮是不良的结构体。坷垃多由质地黏重、腐殖质含量少和耕作不当引起。坚硬有棱角、用手捏不易散碎的坷垃，农民称为"生坷垃"或"死坷垃"；反之，易捏碎、较松散的称为"熟坷垃"或"活坷垃"。坷拉常引起压苗、漏风跑墒，其危害程度决定于坷垃的大小和数量。

板结和结皮在灌溉或降雨之后出现，潮湿而黏重的土壤因脱水干燥而使地表龟裂，质地黏重程度和干燥速度影响龟裂的厚度和宽度，厚度大于 5mm 者称为板结；厚度小于 5mm 者称为结皮。底土层的柱状、棱柱状结构，一般在碱土的碱化层出现，质地黏重，脱水后坚硬，通气透水不良，影响扎根。

（四）土壤湿度

墒表示水分，墒情表示土壤含水量的多少，又称土壤湿度。土壤墒情是土壤基本组成成分，也是土壤肥力因素之一。墒情不仅影响土壤的物理、化学和生物学的变化过程，而且直接影响土壤肥力及植物生长发育。俗话说："多收少收在于肥，有收无收在于水"，道出了水分与农业生产的关系。

一般在田间采用手测法加以判断墒情，常用干、润、潮、湿等墒情分级表示。即以干土、潮干土（灰墒）、黄墒、黑墒、汪水等区别不同的土壤湿度。

（五）土壤松紧状况

土壤松紧表示土粒与土粒或土团与土团之间相互连接或堆积的状态方式，它影响作物出苗、扎根难易以及后期生长。判断土壤松紧程度一般用田间铁锹掘入土壤的难易程度表示：

（1）极紧实——用铁锹很难掘入土壤。

（2）紧实——用铁锹十分费力才能掘入土壤。

（3）稍紧——稍用力就可掘入土壤。

（4）稍松——铁锹用很小力就可掘入土壤。

（5）极松——不用力和铁锹自垂即可进入土壤。

在科学研究中也可用土壤紧实度计（土壤硬度计）测定土壤的松紧度；也可用容重大小表示土壤的松紧度。土壤的松紧与孔隙状况有密切的关系，疏松的土壤，孔隙度大，容重小，紧实的土壤则相反，容重、孔隙度与土壤松紧度的关系见表14-2。

表 14-2 容重、孔隙度与土壤松紧度的关系

土壤松紧度	容重/$g \cdot (cm^3)^{-1}$	孔隙度/%
最松	< 1.00（含）	> 60（含）
松	1.00~1.14（含）	60~56（含）

表14-2(续)

土壤松紧度	容重/g·(cm³)⁻¹	孔隙度/%
合适	1.14~1.26（含）	56~52（含）
稍紧	1.26~1.30（含）	52~50（含）
紧	> 1.30	< 50

（六）土壤孔隙状况

土壤是一个极其复杂的多孔体系。其孔隙的粗细、形状以及连通情况复杂多样，目前还不能直接测定出来。一般在土壤剖面各土层中，细微的孔隙难于观察记录，只能目睹一些较大的孔隙，如根孔、动物穴等。把它们的数量记录下来，以便了解该土壤的透水、排水性的差异。

在研究工作中，常采用测定土壤容重来间接计算土壤的孔隙度，以了解土壤的孔隙数量和孔隙（径）分布状况。

（七）植物根系分布

植物根系在土壤中的分布主要集中于土壤表面（0~50cm），往下逐渐减少。根系密集之处，也就是植物吸收水分和养分的供给区。土壤剖面各层的根量用目测法估算，以多、中、少表示之。

（八）新生体和侵入体

新生体是土壤形成过程中的产物。其形态突出，易与土体分离，反映了土壤的成土条件和成土过程的特征。华北地区常见的新生体有石灰结核（沙姜石）、铁锰结核、锈纹、锈斑、假菌丝体等；盐碱地区有盐结皮、盐霜；南方红壤中常有铁盘；西北干旱土壤中有盐盘、石膏盘、石灰盘等。它们是土壤在长期形成过程中，由于物理和化学变化而形成的一种特殊的物体。

侵入体是迁入土壤中的各种外来物体，如煤渣、砖头、瓦砾、塑料等。它们是在发生上与土壤物质转化无关的物质，均称为侵入体。新生体和侵入体影响耕作和作物生长，其危害程度与数量和分布部位有关。

（九）石灰反应

石灰反应指石灰性土壤遇盐酸生成氯化钙（$CaCl_2$）和二氧化碳（CO_2）的反应。在石灰含量较高的土壤施用磷肥，往往易发生"固定作用"，影响磷肥的效果。在田间测定石灰含量有无或多少，其方法是用手抓一把土，放在铁铲上，加入10%盐酸，看其有无气泡发生或气泡的强烈程度，以判断石灰有无或含量。一般石灰反应程度分为4级，见表14-3。

表 14-3　土壤石灰反应对照表

反应程度	反映特征	碳酸钙含量	反映强度符号
无	无气泡、无响声	0	−
微	小气泡放出、响声很小	< 1%	+
中	气泡明显、很快消失、响声较大	1%～5%	++
强	气泡强烈、呈沸腾状、时间长、响声大	> 6%	+++

（十）土壤构造

土壤构造又称土体构型或质地剖面，即土层在土壤剖面中的上下排列状况。它可影响土壤水、肥、气、热的保蓄、交换及养分供给，植物扎根难易和土壤耕性好坏。一般在河流冲积母质上发育的土壤剖面上土层排列十分明显，沉积层次、砂黏交错界限分明、整齐。而发生学层次排列构造的剖面，其层次之间逐渐过渡，界线不很清晰可见。

冲积草原上常见的土体构造有以下几种：

（1）砂盖垆。该构造为上砂下黏、上轻下重、上松下紧。该构造的上层［耕层20（含）~30cm］土质较轻，砂壤—轻壤土；下层土质较黏（厚度>20cm）；中壤土以上（或较上层稍黏）的土体构型，俗称"蒙金地"。此类质地剖面排列，前期有利作物播种、出苗、扎根和生长，后期有利于土壤保肥供肥，不致造成脱肥，耕性好，耕作管理方便，是农业生产上较好的土壤构造。

（2）垆盖砂。该构造的土层排列与砂盖垆相反，即黏重土层在上，砂性土层在下。这种质地剖面构型不利于耕作和农作物在各生育期对水肥气热等条件的要求，故称为不良的质地剖面构型。

（3）夹砂层和夹黏层。该构造整体剖面（0~100cm）均为砂层（粗砂），称为通体砂。表层黏，下层黏，中间夹有一层粗砂（20~30cm），称为腰砂土。全剖面均为黏土层称为通体黏；或上、下层为砂层，中间（20~30cm）夹有一层黏土层，称为夹黏土。以上这些剖面土层排列对土壤耕作和作物生长都不利，为不良的质地剖面构型。

（4）泻汤土。该构造表层质地（0~30cm）为中壤—重壤，下层为黏土。这种构造旱不保墒，雨季出现过饱和状态，形成上层滞水，称为泻汤土。该构造不易耕作，不利于作物生长，很难管理。

（5）特殊土层。特殊土层包括华北地区盐碱土，表层常见有盐霜、盐结皮，碱土有碱化层；潮土或褐土或潮土，底土层常有砂姜层出现；南方酸性土壤，如红壤的土体中有铁盘分布；西北干旱土壤，有石膏层和石灰层分布。这些特殊层次，危害作物生长的程度，取决于它们在土体中出现部位、厚度和数量。

三、观察内容

在室内仔细观察不同土壤类型的土壤颜色、结构、新生体、侵入体、盐酸反应以及各种质地剖面土层排列标本。其余的形态特征需到田间实地挖坑逐一观察。

作业思考题：

1. 仔细观察、辨认各种土壤所表现的外部形态的特征，并加以比较，逐步学会分析其差异产生的原因。

2. 学习辨认土壤形态特征对野外认土有何意义？

实验十五　田间认土和土壤剖面挖掘

一、实验目的和实验意义

田间认土是了解农作物生产条件，评定土壤肥力的一种不可缺少的重要手段和方法。其目的是通过对实际或具体的土壤剖面形态特征的观察，联系"三田"（试验田、丰产田、高产田）周围的自然条件（地形、水文、气候等），水利设施，农业利用状况以及室内各肥力因素分析数据，初步分析该土壤的肥力状况，从而为制定用土、改土规划和措施提供依据。

二、实验方法步骤

田间认土包括土壤剖面观察点的选择和挖掘；土壤形态特征的描述和记载；剖面土壤的采集和保存；土壤肥力综合评定等内容。

（一）田间土壤剖面观察点的选择和挖掘

为准确评定某一土壤的农业生产性状，观察点的选择必须有代表性和典型性。一般应选在"地"的中央，要避免选在田边、地角、渠道旁和粪堆上，点的位置应能代表该土壤所处的"地"的特点、排灌条件及土地利用状况。

剖面坑挖掘规格一般以一个人下去工作方便为宜。其坑长 1.5~2m，宽 1m，深 1~2m 或挖到地下水位（以需要而定），见图 15-1。

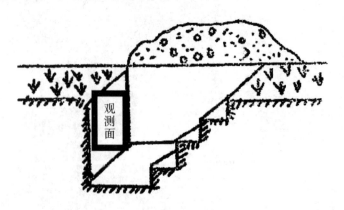

图 15-1　挖掘土壤剖面示意图

挖坑时应注意以下几点：

（1）观察面必须向阳和上下垂直。

（2）表土和底土分别堆放在左右两边，回土时应底土在下，表土在上，不能打乱土层排列次序。

（3）坑的前方，即观察面上方不能堆土和踩踏，以免破坏土壤的自然状态。

（4）坑的后方挖成阶梯状，便于上下工作，并可节省土方。

（二）剖面形态特征的描述和记载

剖面坑挖好后，首先要对坑进行修整，看是否符合要求，一个人下去工作是否方便。

（1）先用平口铁锹将观察面自上而下垂直修成自然状态，并用剖面刀从上而下挑出新鲜面。

（2）根据剖面所表现出来的形态特征的差异（颜色、质地、结构、松紧、根系分布状况等）划分出土层，并量出各土层的厚度，记入表 15-1。

表 15-1　剖面形态特征记录表

剖面深度/cm	颜色	质地	松紧	结构	湿度	孔隙状况	根系分布	新生体系和侵入体	盐酸反应

（3）逐层观察、描述土壤的颜色、质地、松紧、结构、湿度、孔隙状况、根系分布、新生体系和侵入体、盐酸反应等，分别记入表 15-1。

（三）剖面土样的采集和保存

1. 分层采集土样

在土壤剖面观察描述完之后，采样人按土壤层次分别采取土样，要注意代表性，一般采样顺序是从最下层开始，由下而上用铲子或剖面刀，采集每层中心部位的土壤（见图 15-1），数量 1 kg 左右，把土块捏碎，混合放入干净的土袋中（布袋或塑料袋）。采样人填好标签，写明剖面号、地点、层次、深度、采样人和日期等。袋内放一个土样，袋外拴一个土样，带回室内风干、处理。野外采样标签示意图见图 15-2。

```
┌─────────────────────────────────────┐
│  统一编号：                          │
│                                      │
│  采样时间：    年   月   日          │
│                                      │
│  采样地点：    乡   村  条田         │
│                                      │
│  前茬作物：                          │
│                                      │
│  采样深度：cm                        │
│                                      │
│  经    度：___度___分___秒           │
│                                      │
│  纬    度：___度___分___秒           │
│                                      │
│  采  样  人：                        │
│                                      │
└─────────────────────────────────────┘
```

图 15-2　野外采样标签示意图

2. 整段标本采集

为进行室内深入研究和展览，需要采集土壤剖面整段标本。采集方法：做一个两面活动盖子的木匣（长 100cm，宽 20cm，高 10cm）。采集人取土时先将两盖子取下，按木匣大小垂直嵌进土壤剖面上，切成土柱，并将一面削平，套上一盖，然后将另一面削平取下，套上另一盖固定即成，填写好标签，送室内保存或展览厅陈列。

（四）土壤肥力综合评定

在对以上土壤形态特征进行观察和描述后，接着分析该土壤的农业生产性状，结合当地土壤所处的自然环境条件和人为利用现状，综合分析和评定该土壤的肥力。土壤肥力的高低，不仅取决于自然基础条件，而且受人为主观改造能力和科技水平制约。如农田基本建设情况、土地平整、灌排设施配套、种植制度组合以及管理水平等，都会直接或间接地影响土壤肥力的发挥。同时，在评定前最好先访问当地农民，了解他们长期种植的经验及有关问题，这对研究人员正确进行评定工作十分有益。

最后，根据该土壤的综合评定情况，总结出优缺点及存在的主要问题，提出改良和利用的初步意见。

作业思考题：

1. 仔细观察室内土壤的每一种形态特征并作好记录。

2. 进行土壤综合评定应考虑哪些条件和影响因素？

实验十六 复混肥料中氮、磷、钾含量的测定

一、复混肥料中氮含量的测定（蒸馏后滴定法）

（一）实验原理

实验原理：在酸性介质中将硝酸盐还原成铵盐。在催化剂存在的情况下，用浓硫酸消化，将有机态氮或尿素氮和氰氨基态氮转化为硫酸铵；从碱性溶液中蒸馏，并吸收在过量硫酸标准溶液中；在甲基红或甲基红-亚甲基蓝指示剂存在下，用氢氧化钠标准溶液返滴定。

（二）仪器

（1）蒸馏仪器。实验中最好选用带标准磨口的成套仪器，或能保证定量蒸馏和吸收的其他仪器。蒸馏仪器的各部件用橡皮塞或橡皮管连接，或是采用球型磨砂玻璃接头，为保证系统密封，球形玻璃接头应用弹簧夹子夹紧。推荐使用的仪器见图 16-1。

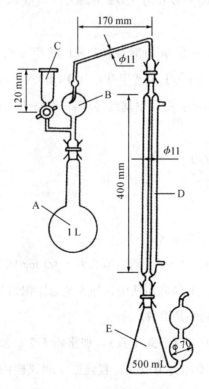

A. 蒸馏瓶　B. 防溅球管　C. 滴液漏斗　D. 冷凝管　E. 带双连球锥形瓶

图 16-1　蒸馏装置图

（2）圆底烧瓶，容积为 1 L。

（3）单球防溅球管和顶端开口、容积约 50 mL 与防溅球进出口平行的圆筒形滴液漏斗。

（4）直形冷凝管，有效长度约 400 mm。

（5）接受器，容积 500 mL 的锥形瓶，瓶侧连接双连球。

（6）梨形玻璃漏斗。

（三）试剂

（1）铬粉：细度小于 0.25 mm。

（2）氧化铝或沸石：条状，经熔融。

（3）防泡剂：如熔点小于 100 ℃ 的石蜡或硅脂。

（4）催化剂：将 K_2SO_4（HG3-920-76）1 000 g 和 $CuSO_4 \cdot 5 H_2O$（GB665-78）50 g 混合并磨细。

（5）400 g/L 的氢氧化钠溶液：400 g 氢氧化钠（GB629-81）溶于水，冷却后稀释至 1 L。

（6）0.10 mol/L 的氢氧化钠标准溶液：按 GB601 配制与标定。

（7）0.50、0.20、0.10 mol/L 的（1/2 H_2SO_4）硫酸标准溶液：按 GB601 配制与标定。

（8）甲基红-亚甲基蓝指示剂溶液：2 g/L 的甲基红（HG3-958-76）乙醇（GB679-80）溶液 50 mL 与 1 g/L 的亚甲基蓝（HGB3394-60）乙醇溶液 50 mL 混合。

（9）2 g/L 的甲基红溶液：溶解甲基红（HG3-958-76）0.1 g 于 50 mL 乙醇中。

（10）广泛 pH 试纸。

（11）盐酸（GB622-77）。

（12）硫酸（GB625-77）。

（四）操作步骤

按 GB8571-88 规定制备实验室样品。

称样：称取总氮含量≤235 mg、硝态氮含量≤60 mg 的过 0.5 cm 筛的试样 0.5～2.000 0 g 于基耶达烧瓶或 1 L 圆底烘瓶中，加水至总体积约为 35 mL，静置 10 min，时而缓慢摇动，以保证所有硝酸盐溶解。

还原（试样含硝态氮时必须经此步骤）。加铬粉 1.2 g 和 HCL 7 mL 于烧瓶中，在室温下静置 5~10 min，但不超过 10 min，置烧瓶于通风橱内已预先调节至能在7~7.5 min 内使 250 mL 水从 25 ℃ 加热至激烈沸腾的加热装置上，加热 4.5 min，冷却。

水解（试样只含尿素和氰氨基化物形式的氮时，此步骤可代替下述"消化"步骤）：将烧瓶置于通风橱内，加氧化铝 1.5 g（一般情况可省略），小心加入浓硫酸 25 mL，瓶口插入梨形空心玻璃塞，加热到冒浓的硫酸白烟，至少保持 15 min，冷却，小心加入水 250 mL，冷却。

消化（试样除氮完全以尿素和氰氨基化物形式存在外，若试样含有机态氮或是测定未知组分肥料时，必须采用此步骤）：将烧瓶置于通风橱内，加催化剂 22 g 和氧化铝 1.5 g（一般情况可省略），小心加入浓硫酸 30 mL，并加防泡剂 0.5 g 以减少泡沫（一般情况可省略），瓶口插入梨形空心玻璃塞，加热到冒浓的硫酸白烟，缓慢转动烧瓶，继续加热 60 min 或直到溶液透明，冷却，小心加入 250 mL 水，冷却。

蒸馏：放几粒防爆沸颗粒于烧瓶中，根据预计的含氮量，取表中一种硫酸溶液的合适体积放于接受器，加入 3~5 滴指示剂溶液，若溶液体积太小，可加适量的水。接受器取硫酸标准溶液的量见表 16-1。

表 16-1　接受器取硫酸标准溶液的量

试样中预含量/mg	1/2 H_2SO_4 标准溶液浓度/mol·L^{-1}	1/2 H_2SO_4 标准溶液体积/mL
0~30（含）		25
30~50（含）	0.10	40
50~65（含）		50
65~80（含）		35
80~100（含）	0.20	40
100~125（含）		50
125~170（含）		25
170~200（含）	0.50	30
200~235		35

至少注入 400 g/L 的氢氧化钠溶液 120 mL 至滴液漏斗（"C"处，参见图 16-1），若试样既未经水解，又未经消化处理时，只需注入 400 g/L 的氢氧化钠溶液 20 mL，小心地将其注入到蒸馏烧瓶中，当滴液漏斗中余下约 2 mL 溶液时，关闭活塞，加热使内容物沸腾，逐渐增加加热强度，使内容物达到激烈沸腾，在蒸馏期间烧瓶内容物应保持碱性。

至少收集 150 mL 馏出液，将接受器取下，用 pH 试纸检查随后蒸出的馏出液，确保氨全部蒸出，移去热源。拆下冷凝管，用水冲洗冷凝管的内部，收集洗液于接受器中。

滴定：用 0.10 mol/L 的氢氧化钠标准溶液返滴定过量的硫酸，终点的颜色为灰绿色（甲基红-亚甲基蓝）或橙黄色（甲基红）。

空白试验：根据表 16-1 选用 0.10 mol/L（1/2 H_2SO_4）标准溶液的相应体积装于接受器中，除不加试样外，同上述操作步骤进行测定。

核对试验：使用新鲜配制的含 100 mg 的硝酸铵，定期核对仪器的效率和方法的准确度。核对试验和测定试样及空白试验相同的条件，并使用同一指示剂。

（五）结果计算

$$总氮(质量)=\left[c_1V_1-c_2V_2-(c_3V_3-c_2V_4)\right]\times14.01\times10^{-3}\times100\,/\,m \qquad (16-1)$$

式中，c_1——测定时，使用 1/2 H_2SO_4 标准溶液的浓度（mol/L）；

c_2——测定及空白试验时，使用 NaOH 标准溶液的浓度（mol/L）；

c_3——空白试验时，使用 1/2 H_2SO_4 标准溶液的浓度（mol/L）；

V_1——测定时，使用 1/2 H_2SO_4 标准溶液的体积（mL）；

V_2——测定时，使用 NaOH 标准溶液的体积（mL）；

14.01——氮原子的摩尔质量（g/moL）；

10^{-3}——将 mL 换算为 L；

m——试样的质量（g）。

取平行测定结果的算术平均值作为测定结果；平行测定的绝对差值≤0.30%；不同实验室测定结果的绝对差值≤0.50%。

（六）注释

（1）本方法见 GB8572-88，不适合于含有机物（除尿素、氰氨基化物外）大于7%的肥料。

（2）GB8572-88 中规定，可以使用 GB2441-81《尿素总氮含测定方法》（蒸馏法）的蒸馏仪器，根据国家标准的有关规定，可认为能使用 GB2441-91 所规定使用的蒸馏仪器。

（3）该规定要求样品磨细过 0.5 mm 筛（干湿肥过 1 mm 筛）。

二、复混肥料中有效磷含量的测定（磷钼酸喹啉重量法）

（一）实验原理

实验原理：用水和碱性柠檬酸铵溶液提取有效磷，提取液中的正磷酸银离子，在酸性介质和丙酮存在下与喹钼柠酮试剂生成黄色磷钼酸喹啉沉淀，其反应式如下：

$$H_3PO_4+3C_9H_7N+12Na_2MoO_4+24\,HNO_3\rightarrow$$

$$(C_9H_7N)_3H_3\left[P\left(Mo_3O_{10}\right)_4\right]\cdot H_2O\downarrow+11\,H_2O+24NaNO_3$$

沉淀经过滤、洗涤、干燥后称重。

（二）仪器设备

玻璃过滤坩埚 4 号（孔径 4~16 μm，30 mL 容积）、恒温干燥箱（180±2 ℃）、恒温水浴锅（65±2 ℃）、35~40 r/min 上下旋转式振荡器或其他相同效果的水平往复式振荡器。

（三）试剂

（1）20 g/L 的柠檬酸溶液：pH 值约为 2.1，准确称取柠檬酸（HG3-1108-81）20 g 溶于水并稀释至 1 L。

（2）氢氧化铵（GB631-71）。

（3）1:7 氢氧化铵溶液。

（4）1:1 硝酸溶液。

（5）丙酮（GB686-77）。

（6）中性柠檬酸铵溶液：pH = 7.0，在 20 ℃时比重为 1.09。

溶解 370 g 柠檬酸（HG3-1108-81）于 1 500 mL 水中，加 345 mL 氢氧化铵（GB631-77）使溶液接近中性，冷却，用酸度计测定溶液的 pH 值，以 1:7 氢氧化铵或柠檬酸溶液调节溶液 pH = 7.0，加水稀释，使其在 20℃的比重为 1.09。溶液贮于密闭容器，使用前核验和校正 pH = 7。

（7）喹钼柠酮试剂的配制。

溶液 I：溶解钼酸钠（$Na_2MoO_4 \cdot 2 H_2O$）70 g 于 150 mL 水中。

溶液 II：溶解 60 g 柠檬酸（$C_6H_8O_6 \cdot H_2O$）于硝酸（GB626-78）85 mL 和水 150 mL 的混合液中，冷却。

溶液 III：在不断搅拌下将溶液 I 缓缓加入溶液 II 中，混匀。

溶液 IV：将硝酸（GB626-78）35 mL 和水 100 mL 于 400 mL 烧杯中混合，加入喹啉（C_9H_7N）5 mL。

溶液 V：将溶液 IV 加入溶液 III 中，混合后放置 24 h，过滤，滤液加入丙酮（GB686-77）280 mL，用水稀释至 1 L，混匀，贮于聚乙烯瓶中。

（四）操作步骤

1. 待测溶液的制备

（1）若试样含 P_2O_5 大于 10%，称取试样 1 g（称准至 0.000 2 g）；若试样含 P_2O_5 小于 10%，称取试样 2 g（称准至 0.000 2 g）。

（2）含磷酸铵、重过磷酸钙、过磷酸钙或氨化过磷酸钙的复混肥料样品：将试样置于 75 mL 瓷蒸发皿中，加入水 25 mL 研磨，将清液倾注于过滤到预先加有 1:1 硝酸 5 mL 的 250 mL 容量瓶中，继续处理沉淀 3 次，每次用水 25 mL，然后将沉淀全部转移到滤纸上，并用水洗涤沉淀到容量瓶达 200 mL 左右滤液为止，用水定容，摇匀，即为试液 A，供测定水溶性磷用。

转移含有水不溶性残渣的滤纸至另一只干燥的 250 mL 容量瓶中，加入预先加热到 65℃的中性柠檬酸铵溶液 100 mL，紧塞瓶口，剧烈振摇容量瓶，使滤纸碎成纤维状态为止，置容量瓶于 65±1 ℃的水浴中，保温提取 1 h，每隔 10 min 振摇 1 次容量瓶，取出冷却至室温，用水定容，摇匀。用干燥滤纸和器皿过滤，弃去最初滤液，所得滤液为试液 B，供测定枸溶性磷用。

（3）含钙镁磷肥的复混肥料样品：将试样置于干燥的 250 mL 容量瓶中，加入预先加热到 28~30℃的 20 g/L 的柠檬酸溶液 150 mL，紧塞瓶口。保持溶液温度在 28~30℃，在振荡器上振荡 1 h，取出容量瓶，用水定容并摇匀，干过滤，弃去最初滤液，所得滤液为试液 C，供测定枸溶性磷用。

（4）含少量钙镁磷肥或含少量骨粉、鱼粉的过磷酸钙样品：先按水溶性磷提取方法操作，得溶液 D。

用细玻璃棒戳破含有水不溶性残渣的滤纸，用预先加热到 65 ℃的中性柠檬酸铵溶液 100 mL 仔细冲洗残渣到干燥的 250 mL 容量瓶中，塞上瓶塞，容量瓶置于 65±1 ℃的水浴中，保温提取 1 h，每隔 10 min 振摇 1 次容量瓶，取出容量瓶，提取液过滤到另一只 250 mL 容量瓶中，用水洗涤残渣数次，洗涤液合并到滤液中，用水稀释至刻度，混匀即得溶液 E。

滤纸和残渣转移到原 250 mL 容量瓶内，加入预先加热到 28~30 ℃的 20 g/L 的柠檬酸溶液 150 mL，紧塞瓶口。保持溶液温度在 28~30 ℃，在振荡器上振荡 1 h，取出容量瓶，用水定容并摇匀，干过滤，弃去最初滤液，所得滤液为试液 F。

2. 溶液中磷的测定

（1）含磷酸铵、重过磷酸钙、过磷酸钙或氨化过磷酸钙的复混肥料样品水溶性磷的测定：

用移液管吸取"V"体积的试液 A（含 10~20 mg P_2O_5），放入 500 mL 烧杯中，加入 1∶1 硝酸溶液 10 mL，用水稀释至约 100 mL，预热近沸（如需水解，在电炉上煮沸几分钟，加入 35 mL 喹钼柠酮试剂，盖上表面皿，在电热板上微沸 1 min 或于近沸水浴中保温至沉淀分层。取下冷却至室温，冷却过程中转动烧杯 3~4 次。

用预先干燥至恒重的 4 号玻璃坩埚抽滤，先将上清液滤完，然后用倾泻法洗涤沉淀 1~2 次，每次用水 25 mL，将沉淀移于滤器中，再用水洗涤，所用水共 125~150 mL，将坩埚和沉淀一起置于 180±2 ℃烘箱中干燥 45 min，移入干燥器中冷却，称重。

（2）含磷酸铵、重过磷酸钙、过磷酸钙或氨化过磷酸钙的复混肥料样品有效磷（水溶性磷+枸溶性磷）的测定：用移液管分别吸取"V"体积的试液 A 和 B（共含 10~20 mg P_2O_5），一并放入 500 mL 烧杯中，其余步骤同前操作。

（3）含钙镁磷肥的复混肥料样品有效磷的测定：用移液管吸取"V"体积的试液 C（约含 $10\sim20$ mg P_2O_5），其余步骤同前操作。

（4）含少量钙镁磷肥或含少量骨粉、鱼粉的过磷酸钙样品水溶性磷的测定：用移液管吸取"V"体积的试液 D（约含 $10\sim20$ mg P_2O_5），其余步骤同前操作。

（5）含少量钙镁磷肥或含少量骨粉、鱼粉的过磷酸钙样品有效磷的测定：用移液管分别吸取"V"体积的试液 D、试液 E 和试液 F（共含 $10\sim20$ mg P_2O_5），一并放入 500 mL 烧杯中，其余步骤同前操作。

对每个系列的测定，应按照上述相对应的步骤进行空白试验。

（五）结果计算

$$P_2O_5（\%）=（m_1-m_2）\times 0.032\,07 \times（250/V）\times 100 / m_0 \qquad (16-2)$$

式中，m_1——测定所得磷钼酸喹啉沉淀质量（g）；

m_2——空白试验所得磷钙酸喹啉质量（g）；

m_0——试样的质量（g）；

0.032 07——磷钼酸喹啉换算为 P_2O_5 的系数；

V——吸取试液的体积（mL），即操作步骤中吸取待测液的体积数"V"。

取平行测定结果的算术平均值作为测定结果；平行测定结果的绝对差值≤0.20%；不同实验室测定结果的绝对差值≤0.30%。

（六）注释

（1）本方法见 GB8573-88。适用于磷酸铵、重过磷酸钙、过磷酸钙、氨化过磷酸钙等以水溶性磷为主的磷肥或钙镁磷肥、骨粉、鱼粉等枸溶性磷肥与氮肥、钾肥为基础组成的复混肥料中水溶性磷和枸溶性磷的提取与测定。

（2）GB8573-88 中规定可用磷钼喹啉容量法、钒钼黄比色法测定复合肥中有效磷的含量。

三、复混肥料中钾含量的测定（四苯硼钾质量法）

（一）方法原理

溶液中钾离子和四苯硼离子作用生成四苯硼钾白色沉淀，反应式如下：

$$K^+ + [B(C_6H_5)_4]^- \rightarrow K[B(C_6H_5)_4] \downarrow$$

此沉淀的溶解度很小（水中溶解度为 1.8×10^{-5} mol/L），分子量大，热稳定性高（265℃分解）。沉淀可在酸性和碱性介质中进行，沉淀经过滤、洗净、烘干和称重，通过沉淀的质量求出钾的含量。

（二）仪器设备

玻璃过滤坩埚 4 号（孔径 $4\sim16$ μm，30 mL 容积）、恒温干燥箱。

（三）试剂

（1）400 g/L 的 NaOH 溶液：溶解不含钾的氢氧化钠 40 g 于 100 mL 水中。

（2）40 g/L 的 EDTA 溶液：溶解 EDTA 4 g 于 100 mL 水中。

（3）15 g/L 的四苯硼钠溶液：称取 15 g 四苯硼钠溶解于约 960 mL 水中，加氢氧化钠溶液 4 mL 和 100 g/L 六水氯化镁溶液 20 mL，搅拌 15 min，静置后过滤。贮于棕色瓶或塑料瓶中，一般不超过 1 个月。如发现混浊，使用前过滤。

（4）四苯硼钠洗涤液：用 10 体积的水稀释 1 体积的四苯硼钠溶液。

（5）溴水溶液：约 50 g/L。

（6）活性炭：应不吸附或不释放钾离子。

（7）酚酞指示剂（5 g/L）：称取酚酞指示剂 0.5 g，溶解于 100 mL 乙醇（950 g/L）中。

（8）370 g/L 甲醛，分析纯。

（四）操作步骤

（1）待测液的制备。称取 2~5 g（精确至 0.000 1 g，含约 400 mg K_2O）置于 250 mL 锥形瓶中，加水约 150 mL，加热煮沸 30 min，冷却，定量移入 250 mL 容量瓶中，用水定容并摇匀，干过滤，弃去最初 50 mL 滤液。

（2）除去干扰物。

①不含氰氨基化物或有机物的试样：取待测滤液 25 mL 于 200 mL 烧杯中，加 EDTA 溶液 20 mL（含阳离子较多时 40 mL），加 2~3 滴酚酞溶液，滴加氢氧化钠溶液至红色出现时，再过量 1 mL，加甲醛溶液（按 1 mg 氮加约 60 mg 甲醛，即加 370 g/L 甲醛溶液 0.15 mL），若红色消失，再用氢氧化钠溶液调至红色，在通风橱中加热煮沸 15 min，冷却。

②含氰氨基化物或有机物的试样：取待测滤液 25 mL 于 200 mL 烧杯中，加入溴水溶液 5 mL，将溶液煮沸直至所有溴水脱色为止。若含有其他颜色，将溶液体积蒸发至小于 100 mL，待溶液冷却后，加 0.5 g 活性炭，充分搅拌使之吸附，然后过滤，将瓶洗涤 3~5 次，每次用水约 5 mL，收集全部滤液，以下同上述"除去干扰物①"的步骤"加 EDTA 溶液 20 mL（含阳离子较多时 40 mL）……再用氢氧化钠溶液调至红色。

③测定：在不断搅拌下逐滴加入 15 g/L 的四苯硼钠溶液 10~20 mL（每 1 mg K 应加 0.5 mL），并过量 7 mL。继续搅拌 1 min，静置 15 min 以上，用预先在 120℃烘干至恒重的 4 号玻璃坩埚滤器抽滤沉淀。将沉淀用四苯硼钠洗涤液全部移入滤器中，再用该洗液洗沉淀 5~7 次，每次用 5 mL，最后用水洗涤沉淀 2 次，每次用水 5 mL。抽干后，把滤器和沉淀放在烘箱中于 120±5 ℃，烘干 1.5 h，取出放入干燥器中冷却至室温，称量，直至恒重。

按上述步骤做空白试验。

（五）结果计算

$$K_2O（\%） = （m_1-m_0）× 0.131\ 4 ×（250／V）× 100／m \qquad （16-3）$$

式中，m_0——空白试验时，所得四苯硼钾沉淀质量（g）；

m_1——测定时，所得四苯硼钾沉淀质量（g）；

m——称取样品的质量（g）；

0.131 4——四苯硼钾质量换算为 K_2O 质量的系数（K 为 0.109 1）；

V——吸取待测液的体积（mL）。

取平行测定结果的算术平均值为测定结果，平行测定结果的绝对差值见表 16-2。

表 16-2

钾含量（K_2O）/%	两次平行测定结果的绝对差值/%	不同实验室测定结果的绝对差值/%
<10（含）	0.12	0.24
10~20（含）	0.30	0.60
>20	0.39	0.73

实验十七　氮肥挥发量的测定

一、实验目的

碳酸氢铵、液氨和氨水是易挥发性氮肥，施用不当会造成挥发。化学稳定的氮肥如硫铵、氯铵、硝铵等，在碱性和石灰性土壤上，施用不当也会引起化学反应从而造成氨的损失，这些都是氮肥利用率不高的原因。

通过室内模拟，设置不同的土壤条件和肥料施用方法等，定期测定肥料中氨的挥发量，以探求合适的施用深度及氨挥发量与土壤条件的关系。

二、方法原理

根据扩散法，在密闭条件下，挥发出的氨被 H_3BO_3 吸收，定期用标准酸液滴定氨量。

反应式：

$$NH_3 + H_2O = NH_4OH$$

$$2NH_3 + 4H_3BO_3 = (NH_4)_2H_2B_4O_7 + 5H_2O$$

$$(NH_4)_2B_4O_7 + 2HCl + 5H_2O = 2NH_4Cl + 4H_3BO_3$$

由于 H_3BO_3 是一种极弱的酸，用强酸滴定吸收在其中的氨时，犹如直接滴定氨一样，所加的 H_3BO_3 的浓度和体积不必精确，只要定量即可。经验表明，5 mL 4% H_3BO_3 可吸收 10 mg 左右的 NH_4-N。本实验用的是 5 mL 2% H_3BO_3，一次可吸收 5 mg NH_4-N。

三、主要仪器及设备

①1 L 广口瓶 2 个；②微型烧杯 2 个；③150 mL 烧杯 1 个；④25 mL 滴定管 1 支；⑤10 mL 量筒 1 个；⑥洗瓶 1 个；⑦玻璃棒 1 根；⑧牛角勺 1 个；⑨台秤 1 个；⑩干土、湿土各一大盆。

四、试剂

（1）2%~3% H_3BO_3（pH4.7）。

（2）0.1 mol/L 标准 HCl 或 0.1 mol/L H_2SO_4 溶液。

（3）溴甲酚绿-甲基红指示剂：取 0.1% 甲基红的 95% 乙醇溶液 20mL，加 0.2% 溴甲酚绿的 95% 乙醇溶液 30mL，摇匀，即得。

（4）碳酸氢铵、尿素化肥。

五、方法步骤

1. 处理设置

取耕层土壤，挑去草根、砾石，混合均匀。用台秤移土 1.5 kg，共三份，分别装入 3 个 1 L 的广口瓶中，稍加振动沉实，其松度相当于趟地后的耕层土，一个只放 1.0 g 碳酸氢铵，另两个施后覆土若干厘米（自行设计肥料品种和施用方法），然后分别在每瓶的土面放一小烧杯，内放 5 mL 2% H_3BO_3 液，加混合指示剂 1 滴，盖严瓶盖，防止漏气，在与田间相应的温度下放置 15 天，期间每隔 2 天取出烧杯滴定，测肥料中 NH_3 挥发量。

2. 滴定

将小烧杯取出，杯内吸氨的 H_3BO_3 液先入 150 mL 烧杯里，约 25mL 左右，用标定的 0.1 mol/L HCl 标准酸滴定至终点（由蓝绿色变微红），准确记其毫升数（V_1），将小烧杯洗净，重新加入 H_3BO_3 液和指示剂，放入广口瓶中，隔 2 天再测吸氨量，得 V_2，如此进行 5~7 次，直到 NH_3 不再挥发为止，得 V_3……V_n。

六、计算及结果应用

$$挥发的 NH_4 - N(\%) = \frac{M \times V \times 0.014 \times 100}{施肥量(g) \times 化肥含氮量(\%)} \tag{17-1}$$

式中，M——标准酸浓度（mol/L）；

V——滴定时消耗的标准酸体积（mL）；

0.014——氮的毫当量。

氮肥的氨挥发量记录表见表 17-1。

表 17-1　氮肥的氨挥发量记录表

测定次数	1		2		3		4		…
处理 损失量（率）	mL	%	mL	%	mL	%	mL	%	

每次结果有两种表达方式：①每次挥失率（%）；②各次挥失率累加率。

附表及附件

附表 1   国际单位（SI）倍数和分数的名称和符号

国际符号	英文名称	中文名称	因数	国际符号	英文名称	中文名称	因数
d	deci	分	10^{-1}	da	deca	十	10^{1}
c	centi	厘	10^{-2}	h	hecto	百	10^{2}
m	mili	毫	10^{-3}	K	kilo	千	10^{3}
μ	micro	微	10^{-6}	M	Mega	兆（百万）	10^{6}
n	nano	纳［诺］	10^{-9}	G	giga	吉［咖］千兆	10^{9}
p	pico	皮［阿］	10^{-12}	T	tera	太［拉］兆兆	10^{12}
f	femto	非［姆托］	10^{-15}	P	peta	拍它	10^{15}
a	atto	阿［托］	10^{-18}	E	exa	艾［可萨］	10^{16}

注：［ ］中字可省略   附表 1 转抄于《土壤通报》1991 年第 22 卷第 3 期

附表 2   土壤研究中某些测定项目的计量单位的变更

使用计量单位的项目名称	应废除或不采用的计量单位（1）	法定计量单位（或 SI 制导单位）（2）	（1）项换算为（2）换算因子
土壤中元素有机质和水分等含量	重量百分数（%）	$g\ kg^{-1}$	×10
某些微量物质	百万分数（ppm）	mg/kg 或 $\mu g\ g^{-1}$	×1
阳离子交换量（CEC）	毫克当量每百克（me/100g）	$cmol\ (+)\ kg^{-1}$	×1
交换性阳离子一价以 Na 为例	毫克当量每百克（me/100g）	$cmol\ (Na)\ kg^{-1}$	×1
二价以 Ca 为例		$cmol\ (\frac{1}{2}Ca)\ kg^{-1}$	×1
三价以 Al 为例		$cmol\ (\frac{1}{3}Al)\ kg^{-1}$	×1
比表面*	平方米每克（$m^2 g^{-1}$）	$m^2 kg^{-1}$	$×10^3$
土壤容重*	（$g\ cm^{-3}$）	$1\ 000kg\ m^{-3}$	×1

* 两种表示法均有应用

附表 3　土壤科学研究中某些常用计量单位的变更情况

量的名称 及其符号	已废除的计量单位 （1）	应采用的国际制或 我国法定单位（2）	（1）项换算为（2） 项的换算因子
长度（l）	埃（Å）	纳米，nm	× 0.1
时间（t）	月（months）	［小］时，h；天，d；月； weeks	
压力（p）	巴（bar） 标准大气压（atm） 毫米汞柱（mmHg）	帕［斯卡］，Pa 帕［斯卡］，Pa 帕［斯卡］，Pa	× 10^5 × 101 325 × 133.322
B 物质的浓度（C_B）	当量浓度（N）	摩［尔］浓度［M］ mol/L	×$\frac{1}{2}$（份数）
能量（W） 热（Q）	卡［路里］（cal） 尔格（erg）	焦［耳］，J 焦［耳］，J	× 4.186 8 × 10^{-7}
电导（EC）	毫姆欧 每厘米 （mmho cm^{-1}）	西［门子］每米（S m^{-1}） 或 dS m^{-1}	× 0.1 × 1
放射性活（A）	居里（Cl）	贝可［勒尔］，B_q	× （3.7 × 10^{10}）

注：［　］内为可省略的字；（　）为国际符号

附件 1：试剂的配制

1. 试剂的粗配

一般实验用试剂，没有必要使用精确浓度的溶液，使用近似浓度的溶液就可以得到相对准确的结果，如盐酸、氢氧化钠和硫酸亚铁等溶液。这些物质都不稳定，或易于挥发吸潮，或易于吸收空气中的 CO_2，或易被氧化而使其物质的组成与化学式不符。用这些物质配制的溶液就只能得到近似浓度的溶液。在配制近似浓度的溶液时，使用一般的仪器就可以，如用粗天平来称量物质，用量筒来量取液体，通常只要一位或两位有效数字，这种配制方法叫粗配（见附表 4）。近似浓度的溶液要经过用其他标准物质进行标定，才可间接得到其精确的浓度，如酸、碱标准液，必须用无水碳酸钠、苯二甲酸氢钾来标定才可得到其精确的浓度。

名称	比重	质量/%	mol/L	配1L 1mol/L溶液所需mL数
HCl 盐酸	1.19	37	11.6	86
HNO₃ 硝酸	1.42	70	16	63
H₂SO₄ 硫酸	1.84	96	18	56
HClO₄ 高氯酸	1.66	70	11.6	86
H₃PO₄ 磷酸	1.69	85	14.6	69
HOAc 乙酸	1.05	99.5	17.4	58
NH₃ 氨水	0.90	27	14.3	70

2. 试剂的精配

配制某些特殊溶液的时候，必须使用精确浓度的溶液。如制备定量分析用的试剂溶液，即标准溶液时，必须用到精密的仪器，如分析天平、容量瓶、移液管和滴定管等，并遵照实验要求的准确度和试剂特点精心配制，且通常要求浓度具有四位有效数字，这种配制方法叫精配（见附表5）。重铬酸盐、碱金属氧化物、草酸、草酸钠、碳酸钠等具有较大的分子量，贮藏时稳定，烘干时不分解，物质的组成精确地与化学式相符合的特点，可以用于配制标准溶液。

附表5　常用标准试剂的处理方法

基准试剂名称	规格	标定对象	处理方法
硼砂（$Na_2B_4O_7 \cdot H_2O$）	分析纯	标准酸	在盛有蔗糖和食盐的饱和水溶液的干燥器内平衡一周
无水碳酸钠（Na_2CO_3）	分析纯	标准碱	180℃~200℃，4~6h
苯二甲酸氢钾（$KHC_8H_4O_4$）	分析纯	标准碱	105℃~110℃，4~6h
草酸（$H_2C_2O_4 \cdot 2H_2O$）	分析纯	标准碱或高锰酸钾	室温
草酸钠（$Na_2C_2O_4$）	分析纯	高锰酸钾	150℃，2~4h
重铬酸钾（$K_2Cr_2O_7$）	分析纯	硫代硫酸钠等还原剂	130℃，3~4h
氯化钠（NaCl）	分析纯	银盐	105℃，4~6h
金属锌（Zn）	分析纯	EDTA	在干燥器中干燥4~6h
金属镁（Mg）	分析纯	EDTA	100℃，1h
碳酸钙（$CaCO_3$）	分析纯	EDTA	105℃，2~4h

3. 常用标准溶液的标定

（1）0.02mol/L 或 0.01mol/L（$1/2H_2SO_4$）标准液的标定。

先配制 1mol/L（$1/2H_2SO_4$）标准溶液，标定后稀释5倍或10倍。

①用硼砂标定：

称取 3 份 0.4×××~0.6×××g 硼砂（$Na_2B_4O_7 \cdot H_2O$）于 250mL 三角瓶中，加入约 50mL 水溶解，再加 1~2 滴定甲基红-溴甲酚绿指示剂。将待标定的 H_2SO_4 标准溶液转入滴定管中，滴定硼砂溶液至终点（指示终点的颜色由蓝色突变为微红色）。

$$硫酸标准液浓度(\frac{1}{2}H_2SO_4)，mol/L = \frac{m}{V \times 10^{-3} \times 190.7} \qquad (1-1)$$

式中，m——硼砂的质量（g）；

　　　V——硫酸标准溶液的用量（mL）；

　　　190.7——硼砂的摩尔质量（g/mol）；

　　　10^{-3}——将 mL 换算成 L 的系数。

②用 Na_2CO_3 标定：

称取 3 份经 180℃~200℃ 干燥 4~6h 的 Na_2CO_3 0.16×××~0.24×××g 于 250mL 三角瓶中，加入约 50mL 水溶解，再加 1~2 滴定甲基红-溴甲酚绿指示剂。将待标定的 H_2SO_4 标准溶液转入滴定管中，滴定 Na_2CO_3 溶液由绿色变为紫红色。煮沸 2~3min 后逐尽 CO_2，冷却后，继续滴定至溶液成酒红色为终点。

$$硫酸标准液浓度(\frac{1}{2}H_2SO_4)，mol/L = \frac{m}{V \times 10^{-3} \times 105.96} \qquad (1-2)$$

式中，m——Na_2CO_3 的质量（g）；

　　　V——硫酸标准溶液的用量（mL）；

　　　105.96——Na_2CO_3 的摩尔质量（g/mol）；

　　　10^{-3}——将 mL 换算成 L 的系数。

（2）0.5mol/L NaOH 标准液的标定。

称取 3 份 1.996 0g 经 105℃~110℃ 干燥 4~6h 的苯二甲酸氢钾（$KHC_8H_4O_4$）于 250mL 容量瓶中，加 50mL 蒸馏水溶解，加 2 滴酚酞指示剂，将待标定的 NaOH 标准溶液转入滴定管中，滴定苯二甲酸氢钾溶液至终点（指示终点的颜色由无色突变为微红色）。

$$氢氧化钠标准液浓度(NaOH)，mol/L = \frac{m}{V \times 10^{-3} \times 204.2} \qquad (1-3)$$

式中，m——苯二甲酸氢钾的质量（g）；

　　　V——NaOH 标准溶液的用量（mL）；

　　　204.2——苯二甲酸氢钾的摩尔质量（g/mol）；

　　　10^{-3}——将 mL 换算成 L 的系数。

第二部分

土壤肥料学实践部分

实习一 土壤剖面调查与观测

地点：绿洲棉田、果园、天山山地

一、实习意义

土壤剖面形态是土壤形成过程的真实记录，是在各种成土因素共同作用下形成的土壤内在性质和外在形态的综合反应，是野外研究土壤的主要手段，也为研究土壤理化性质、编制土壤图、评定土壤肥力、开展土地评价与管理、开展环境质量评价等提供依据。

二、实习目的

土壤的外部形态是土壤内在性质的反映，可以通过土壤的外部形态来了解土壤的内在性质，初步确定土壤类型，判断土壤肥力高低，为土壤的利用和改良提供初步意见。本实习在观察土壤基本形态的基础上，要求学生掌握土壤剖面形态的观察描述技术。

三、实习器材

取土铲、土钻、剖面刀、手持罗盘仪、海拔表、卷尺、比样标本盒、土袋、铅笔、记录本、土壤剖面记载表。

四、实习内容

（一）土壤剖面点的选择

（1）剖面点应设在该土壤类型内最具代表性的地段，要有比较稳定的土壤发育条件，即具备有利于该土壤主要特征发育的环境，不宜设于土壤类型的边缘或过渡地段。

（2）在地形变化区域应选择典型的地形部位，如山坡的中部，山脊山谷的坡面上，避免山顶或山谷。

（3）选择人为干扰较少的区域，避开道路、住宅、沟渠、粪坑、池塘等地方。

（4）林地调查应避开林草或林缘，选择有代表性的地段，距离树干 1.5m 左右的标准地中部。

（二）土壤剖面的挖掘

（1）剖面规格：自然土壤剖面大小要求长 1.5m、宽 1m、深 1m，或达到地下水层，土层薄的土壤要求挖到基岩层，一般耕种土壤长 1.5m，宽 0.8m，深 1m（见图 1-1）。

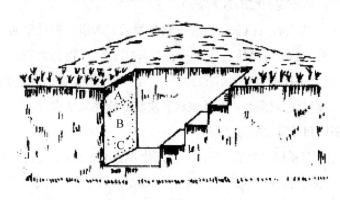

图 1-1　土壤剖面示意图

（2）剖面的观察面要垂直并向阳，便于观察。无阳光时可任选，山地条件下观察面应与等高线平行。

（3）挖掘的表土和底土应分别堆在土坑的两侧，不允许混乱，以便观测完土壤剖面后按土层顺序回填，特别是农田剖面更要注意。

（4）观察面的上方不应堆土或走动，以免破坏表层结构，影响对剖面的观测。

（5）垄作田挖掘剖面时要使剖面垂直垄作方向，使剖面能同时包括到垄背和垄沟部位表层的变化。

（6）春耕季节在稻田挖掘剖面后，回填土坑时一定要把土坑下层土踏实，以免拖拉机下陷。

（三）土壤剖面发生学层次划分

土壤剖面由不同的发生学土层组成，称为土体构型。土体构型的排列方式和发生层厚度是鉴别土壤类型的重要依据，划分土层时首先用剖面刀划分出剖面的自然结构层，然后根据土壤颜色、湿度、质地、结构、松紧度、新生体、侵入体、植物根系等形态特征划分层次，并用测尺量出每个土层的厚度，分别连续记载各层的形态特征。

1. 土壤剖面层次划分标准

O层：枯落物层。枯落物层是指以分解的或未分解的有机质为主的土层。枯落物层可以位于矿质土壤的表面，也可被埋藏于一定深度。据分解程度不同，枯落物层还可分为 L、F、H 层。

A1层：腐殖质层。腐殖质层是指形成于表层或位于 O 层之下的矿质发生层，也是土层中混有有机物质，或具有因耕作、放牧或类似的扰动作用而形成的土壤性质。腐殖质层不具有 B、E 层的特征，可分为 A11、A12 层。

A2层：灰化层。

AB 层：腐殖质层和淀积层的过渡层。

B 层：淀积层，里面含有由上层淋洗下来的物质，所以一般较坚实。淀积层包括：① 硅酸盐黏粒、铁、铝、腐殖质、碳酸盐、石膏或硅化合物的淀积；② 碳酸盐的淋失；③ 残余二、三氧化物的富集；④ 有大量二、三氧化物胶膜，使土壤亮度较上、下土层为低，彩度较高，色调发红；⑤ 具粒状、块状或棱柱状结构。

BC 层：淀积层和母质层的过渡层。

C 层：母质层。母质层多数是矿质层，根据盐分的类型不同，还可分为 CC、CS 层。

D（R）层：母岩层。母岩层即坚硬基岩，如花岗岩、玄武岩、石英岩或硬结的石灰岩、砂岩等都属于坚硬基岩。

G 层：潜育层。潜育层是长期被水饱和，土壤中的铁、锰被还原并迁移，土体呈灰蓝、灰绿或灰色的矿质发生层。

P 层：犁底层。犁底层是由农具镇压、人畜践踏等压实而形成，主要见于水稻土耕作层之下，有时亦见于旱地土壤耕作层的下面。犁底层的土层紧实、容重较大，既有物质的淋失，也有物质的淀积。

J 层：矿质结壳层。矿质结壳层是指一般位于矿质土壤的 A 层之上，如盐结壳、铁结壳等。出现于 A 层之下的盐盘、铁盘等不能叫作 J 层。

根据土壤剖面发育程度的不同可以将土壤分为不同的类型。在实际工作中，上面介绍的模式剖面往往不会出现那么多的层次，而且层次间的过渡情况也会各有不同，有的层次明显，有的不明显，有的逐渐过渡；层次交线有平直、曲折、带状、舌状的等多种形式。

2. 合理命名过渡层

（1）根据土层过渡的明显程度，可将过渡层分为明显过渡和逐渐过渡。

（2）关于过渡层的命名，A层B层的逐渐过程可根据主次划分为AB或BA层，第一个字母标志占优势的主要土层。

（3）土层颜色不匀，呈舌状过渡，看不出主次，则以斜竖"/"表示，如A/B。

（4）用不同的英文小写字母反映淀积物质，如腐殖质淀积Bh，黏粒淀积Bt，铁质淀积Bir等。

（四）土壤剖面描述

按照土壤剖面记载表的要求对土壤剖面进行描述：

（1）记载土壤剖面调查的时间、所在位置、地形地貌、坡度、坡向、海拔高度、母质、植被或作物栽培、土地利用、地下水深度等基本数据。

（2）划分土壤剖面层次，记载厚度，按土层分别描述土壤剖面的各种形态特征，土层线的形状及过渡特征。

（3）进行野外速测，测定pH值，高铁、亚铁反应及石灰反应，填入土壤剖面记载表。

（4）最后根据土壤剖面形态特征及简单的野外速测，初步确定土壤类型名称，鉴定土壤肥力，提出利用改良意见。

（五）土壤剖面形态特征的描述

1. 土壤颜色

土壤颜色可以反映土壤的矿物组成和有机质含量，很多主要土类以土壤颜色命名。鉴别土壤颜色可用门塞尔色卡进行对比，或肉眼观察描述。野外速测土壤质地对照表见表1-1。

表1-1　野外速测土壤质地对照表

质地名称	土壤干燥状态	用手研磨干土时的感觉	用手指搓捏湿土时（以挤不出水为宜，手感为似黏手又不黏手）的成形性
砂土	散碎	几乎全是砂粒，极粗糙	不成球，也不成细条，手握成团，一触即散，搓时土粒自散于手中
砂壤土	疏松	砂粒占优势，有少许粉粒	能成球，不能成细条（破碎为大小不同的碎段）
轻壤土	稍紧、易压碎	粗细不一的粉末，粗的较多，粗糙	略有可塑性，可搓成粗3mm的小土条，但提起易断
中壤土	紧实、用力可压碎	粗细不一的粉末，稍感粗糙	有可塑性，可成3mm的小土条，弯曲成2~3cm的环出现裂纹

表1-1（续）

质地名称	土壤干燥状态	用手研磨干土时的感觉	用手指搓捏湿土时（以挤不出水为宜，手感为似黏手又不黏手）的成形性
重壤土	更紧密，用手不能压碎	粗细不一的粉末，细的较多，略有粗糙感	可塑性明显，可搓成1~2mm的小土条，能弯曲成直径2cm的环而无裂纹，压扁时有裂纹
黏土	很紧密，不易敲碎	细而均一的粉末，有滑感	可塑性、黏结性均强，可搓成1~2mm土条，弯成直径2cm的环，压扁无裂纹

2. 土壤质地

土壤中各种粒径土粒的组合比例关系叫土壤的机械组成，土壤根据其机械组成的近似性，划分为若干类别，即质地类别。土壤质地对土壤分类和土壤肥力分级有重要意义。

在野外鉴定土壤质地通常采用简单的指感法。

如果土壤中砾质含量较大，则要考虑砾质含量来进行土壤质地分类，砾质含量的分级标准见表1-2。

表1-2　砾质含量分级标准

砾质定级	砾质程度	面积比例/%	备注
非砾质性	极少砾质	<5（含）	
微砾质性	少量砾质	5~10（含）	
中砾质性	多量砾质	10~40（含）	
多砾质性	极多砾质	>40	

3. 土壤结构

土壤结构是指在自然状态下，经外力分开，沿自然裂隙散碎成不同形状和大小的单位个体。土壤结构大多按几何形状来划分，目前采用的结构分类标准见表1-3。

表1-3　土壤结构分类标准　　　　单位：mm

土壤结构	单粒结构	团粒结构	核状	块状结构		片状	
土团大小	散沙状	0.25~10（含）	10~50（含）	小块50~100（含）	大块>100	高度≫长、宽	厚度<3

4. 土壤松紧度

土壤松紧度又名坚实度，土壤紧实度指每单位压力所产生的土壤容积压缩程度，或每单位容积压缩所需要的压力，单位为 kg/cm^3。

测定土壤坚实度可使用土壤坚实度计，其使用方法如下：

（1）首先判断土壤的坚实状况，选用适当粗细的弹簧与探头的类型。

（2）工作前，弹簧未受压前，套筒上游标的指示线，如为 kg/cm³ 时应指于零点，如深度为 5cm 时，应指于 5cm 处。

（3）工作时，仪器应垂直于土面（或壁面），将探头嵌入土中，至挡板接触到土面时即可从游标指示线上获得读数，即探头的入土深度（cm）和探头体积所承受的压力（kg）。

（4）根据探头入土深度、深头的类型、弹簧的粗细，再查阅有关土壤坚实度的换标表，即得土壤坚实度的数值（kg/cm³）。

（5）每次测定完毕，必须将游标推回原处，以便重复测定，但必须注意防止游标产生微小滑动，以免造成测定误差。

（6）工作结束，必须将坚实度计擦拭干净，防止仪器生锈，以保证仪器测定的精度。

如果没有土壤坚实度计，可表 1-4 加以描述。

表 1-4　松紧度登记划分表

等级	刀入土难易程度	土钻入土难易程度
极松	自行入土	土钻自行入土
松	可插入土中较深处	稍加压力能入土
散	刀铲掘土，土团即分散	加压力能顺利入土但拔起时不能或很难带取土壤
紧	刀抄入土中费力	土钻不易入土
极紧	刀铲很难入土	需要用大力才能入土且速度很慢，取出也不易，取出的土带有光滑的外表

5. 土壤湿度

通过观察土壤湿度，能部分看出土壤墒情（主要肥力特征）。土壤湿度可分为干、润、湿润、潮润、湿 5 级。

（1）干：土壤放在手中不感到凉意，吹之尘土飞扬。

（2）润：土壤放在手中有凉意，吹之无尘土飞扬。

（3）湿润：土壤放在手中有明显的湿的感觉。

（4）潮润：土壤放在手中，使手湿润，并能捏成土团，捏不出水，捏泥黏手。

（5）湿：土壤水分过饱和，用手挤土壤时，有水分流出。

6. 土壤孔隙

土壤孔隙指土壤结构体内部或土壤单粒之间的空隙，可根据土体中孔隙大小及多少表示。土壤孔隙分级表见表 1-5。

表 1-5　土壤孔隙分级表　　　　　　　　　　　　　　单位：mm

孔隙分级	细小孔隙	小孔隙	海绵状孔隙	蜂窝状孔隙	网眼状孔隙
孔径大小	<1（含）	1~3（含）	3~5（含）	5~10（含）	>10

7. 植物根系

植物根系描述标准可分为 4 级（见表 1-6）。

表 1-6　土壤剖面内根系分级表　　　　　　　　　　　单位：cm²

描述	没有根系	少量根系	中量根系	大量根系
标准（根系数）	0	1~4	5~10	>10

8. 土壤新生体

土壤新生体是成土过程中物质经过移动聚积而产生的具有某种形态或特征的化合物体，常见的土壤新生体有下列几种：

（1）石灰质新生体。石灰质新生体以碳酸钙为主，形状多种多样，有假菌丝体，石灰结核，眼状石灰斑，砂姜等，用盐酸试之起泡沫。

（2）盐结皮、盐霜。可溶性盐类聚积地表形成的白色盐结皮或盐霜叫盐结皮、盐霜，其主要出现在盐渍化土壤上。

（3）铁锰淀积物。由铁锰化合物经还原，移动聚积而成不同形态的新生体叫铁锰淀积物，如锈斑、锈纹、铁锰结核、铁管、铁盘、铁锰胶膜。

（4）硅酸粉末。在白浆土及黑土下层的核块状结构表面有薄层星散的白色粉末叫硅酸粉末，主要是无定形硅酸。

9. 侵入体

侵入体是土壤的外来物，非成土过程的产物，如砖块、石块、骨骼、煤块等。

10. 石灰反应

含有碳酸钙的土壤，用 10%盐酸滴在土上就产生泡沫，称为石灰反应。可以根据泡沫产生的强弱记载石灰反应程度（见表 1-7）。

表 1-7　土壤石灰反应等级表

等级	现象	记法
无石灰反应	／	－
弱石灰反应	盐酸滴在土上徐徐发泡	+
中度灰反应	明显发泡	++
强石灰反应	剧烈发泡	+++

11. pH 值的简易测定

可用广泛 pH 试纸或 pH 混合指示剂进行土壤 pH 值的简易测定。pH 混合指示剂测定：取黄豆大土粒碾散，放在白瓷板上，滴入指示剂 5~8 滴，数分钟后使土壤侵入液流入瓷板上另一小孔，用比色卡比色。

（六）土壤剖面样品的采集

（1）将土壤剖面样品按不同层次装入比样标本盒的不同格子中。

（2）收集腐殖质层的土壤装入土袋中。

（3）用环刀采集表层或腐殖质层的土壤。

五、实习结果分析

作为实习结果的土壤剖面记载样表见表 1-8。

表 1-8　土壤剖面记录样表

坡面编号	01	土壤名称	红壤	坡面地点	后山	剖面位置			海拔	1 967m
大地形	山地	小地形	稍陡	坡向	南偏东 53°	坡度		19.2°	成土母质	
母质类型		侵蚀情况	轻	调查日期	2011 年 12 月 19 日	天气			晴	
层次符号	深度	颜色	质地	结构	紧实度	湿度	根系情况	新生体/入侵体		备注
A_1	14cm	黑棕色	壤土	团粒	疏松	干	中量	无		/
A_2	19cm	红黄色	砂土	核状	稍紧	干	少量	无		/
B	32cm	红色	砂土	小块状	稍紧	润	少量	无		/
C	38cm	黄色	砾土	片状	紧密	干	无	无		/
植被情况										
乔木		桉树		幼木			桉树			
下木		鬼针草、紫金泽兰		活地被物			鬼针草、紫金泽兰			
优势植物		桉树		优势植被覆盖			30%			
植被覆盖度		50%								

六、实习总结

在实习过程中，大家的工作要井然有序。其中，3 位男组员主要负责挖剖面和测量，另外 1 位女组员负责协助帮忙，小组长主要负责剖面的观察、分析、记录和后续记载表的整理和总结。

对剖面的观察和分析能使学生能更好地运用所学的知识去解决问题，加深学生对土壤的认识，锻炼学生的操作能力。通过后续材料的整理、剖面记载表的完善，让学生对实习内容有了深刻理解，可巩固对课本知识的学习效果。

实习二　土壤相关参数测定

地点：农科楼土壤实验室

一、实习目的与意义

土壤水分是土壤肥力的四大因素之一，它影响着土壤养分的分布、转化和有效性，以及土壤的通气状况，所以，土壤水的含量与农业生产有很大的关系。不同土壤的水分常数有较大差异，必须以绝对干燥的样品为基准才能对分析结果进行比较。

土壤比重、容重和孔隙度是土壤的基本物理性质，根据土壤比重，可以大致判断土壤的矿物组成，有机质含量及母质、母岩的特性。根据土壤容重，可以计算单位面积内的土体重量，并以此来推算土壤水分、养分的含量，也可计算出土壤灌水定额。由土壤比重和容重的测定结果，可以计算出土壤的孔隙度、三项比值等，为了解土壤中水、肥、气、热等肥力因子的相互关系提供参考资料。

二、实习器材

天平、铝盒、量筒、无水酒精、环刀、小刀、小铁铲、滤纸、土袋等。

三、实习内容

（一）自然含水量的测定（酒精燃烧法）

1. 方法原理

本方法是利用酒精在土壤中燃烧，使其水分蒸发，由燃烧前后的重量算出土壤含水量。酒精在湿土中燃烧，使水分迅速蒸发干燥。酒精燃烧时火焰距土面 2~3 cm，样品温度约70℃~80℃，当火焰将熄灭前几秒钟，火焰下降，土温迅速上升到180℃~200℃，然后很快下降至85℃~90℃，缓慢冷却。由于高温阶段时间很短，所以样品中的有机质及盐类损失甚微（本方法不适用于有机质含量高于5%的样品）。

2. 操作步骤

第一步：称取铝盒重量，并记录。

第二步：向铝盒中加入 10g 左右土样，再称取铝盒加自然土重量，并记录。

第三步：向铝盒中加入适量酒精至土样浸透，点火燃烧，直到自然熄灭，重复

3~4 次，使其达恒重。

第四步：凉至室温，立即称取铝盒加烘干土的重量，并记录。

第五步：计算自然含水率。

（二）土壤容重与田间持水量的测定（环刀法）

1. 方法原理

用一定容积的环刀（一般为 100 cm³，见图 2-1）切割未搅动的自然状态土样，使土样充满其中，烘干后称量计算单位容积的烘干土重量。本方法适用一般土壤，对坚硬和易碎的土壤不适用。

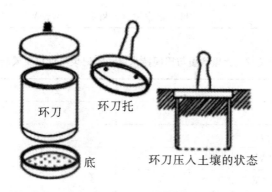

环刀　　环刀托　　环刀压入土壤的状态

底

图 2-1　环刀示意图

2. 操作步骤

第一步：称取环刀的重量（精确到 0.01g），并记录。

第二步：将刀口垂直压入土中，如土壤紧实时，可用铁锤将其击入土壤。环刀进入土层时勿左右摇摆，以免破坏土壤的自然状态，影响容重，直到环刀全部压入土中。

第三步：用小铲将环刀挖出，用小刀仔细沿环刀边缘修整削平，带回室内称重，并记录此时环刀加自然土的重量。

第四步：将滤纸放入环刀底盖内，盖好环刀后放入水中静置 18~24 h，之后再次称重（环刀+水饱和土+滤纸）。

第五步：将称重后的环刀放在沙盘滤纸上，静置 8 h 称其重量，并记录重量（环刀+田间持水量+滤纸）。

第六步：计算土壤容重、总孔隙度、田间持水量等数值。

四、实习结果分析

实习结果见表 2-1 和表 2-2。

表 2-1　田间自然含水量测定记录与计算结果表

重复次数	1	2	3
铝盒重（W_0）			
铝盒重+自然土重（W_1）			
铝盒重+烧干土重（W_2）			
烧干土重（W_2-W_0）			
烧干失重（W_1-W_2）			
自然含水量（g/kg）			
平均值			
计算公式	自然含水量（g/kg）=［（W_1-W_2）×100/（W_2-W_0）］		

表 2-2　土壤容重与田间持水量测定记录与计算结果表

重复次数	1	2	3
环刀重（W_0）			
环刀+自然土重（W_1）			
环刀+土重+饱和水重（W_2）			
环刀+土重+田间持水重（W_3）			
环刀+烘干土重（W_4）			
自然土重（W_1-W_0）			
饱和含水重（W_2-W_4）			
田间持含水重（W_3-W_4）			
平均值			
计算公式	饱和含水量（g/kg）=（W_2-W_4）×100/（W_4-W_0）		
	田间持水量（g/kg）=（W_3-W_4）×100/（W_4-W_0）		
	土壤容重（g/cm³）=（W_4-W_0）/100		
	土壤中总孔隙度（%）=（1- 容重/比重）×100		

五、实习总结

通过实习，可加深对课本知识的了解，能更好地运用所学知识去解决问题，锻炼自己的操作能力。为此，要进行认真总结。

注意事项：

（1）采集的原状土样，如果是用于测定容重、孔隙度，或作土壤标本的，一定不要人为地踩紧、挖松，以维持原状。

（2）在分层采样时，应按照从下至上的顺序，层次间相互不能污染或掺和。

实习三　岩石和土壤类型的鉴定与观测

地点：天山山脉山地、土壤标本室

一、实习目的与意义

土壤肥料学是一门实践性非常强的课程，不仅需要掌握丰富的理论知识，也要掌握丰富的实践技能，还要求实验室技能和野外调查与分析技能并重。实习是土壤肥料学教学的重要环节之一，一方面，把课堂教学与野外实际结合起来，印证、巩固、充实课堂所学内容，另一方面，借此掌握土壤调查的基本技能和方法，培养学生初步的科学探讨能力。

岩石是自然界矿物以一定规律组合而成的集合体，具一定的矿物组成与形成环境，其风化产物是形成土壤的物质基础——母质。通过肉眼观察等方法对各类岩石进行识别，了解各种岩石的矿物组成及岩石特征的关系，初步掌握岩石的一般鉴别方法，可以为进一步认识土壤及其物质组成奠定基础。

二、实习器材

军用铲、小刀、放大镜、海拔表、土袋、笔、笔记本等。

三、实习内容

（一）实习地点概述

塔里木盆地位于新疆南部，在天山山脉和昆仑山山脉之间，东西长 1 100 km，南北长 600 km，是世界上最大的内陆盆地，位于其中的塔克拉玛干沙漠是我国最大，世界第二大的流动沙漠。塔里木盆地属典型的温带干旱大陆性气候，干燥多风，降水稀少，蒸发强烈。塔里木盆地中心为塔克拉玛干沙漠，天山南坡、昆仑山、阿尔金山等高原山区向盆地内部倾斜至沙漠边缘，形成山前倾斜平原，依次以山地、绿洲、自然植被、荒漠分布。

塔里木河流域是环塔里木盆地的阿克苏河、喀什噶尔河、叶尔羌河、和田河、开都河-孔雀河、迪那河、渭干河与库车河、克里雅河和车尔臣河等九大水系144条河流的总称，流域总面积102万 km²，流域多年平均天然径流量398.3亿 m³（包括国外入境水量 63 亿 m^3），主要以冰川融雪补给为主，不重复地下水资源量为 30.7 亿 m^3，水资源总量为 429 亿 m^3。塔里木河干流位于塔里木盆地腹地，属平原型河流，目前水源主要靠阿克苏河、和田河、叶尔羌河补给，多年平均径流量为 46 亿 m^3。塔里木河干流流域面积 1.76 万 km^2，干流全长 1 321 km，从肖夹克至英巴扎为上游，河道长 495km，河道比较顺直，汊流少；英巴扎至恰拉为中游，河道长 398km，河道弯曲，水流缓慢，泥沙沉积严重，河床抬升，汊流众多；恰拉至台特玛湖为下游，河道长 428km，河床比较稳定。

塔里木河流域范围涉及南疆五地（州）的 42 个县（市）和生产建设兵团 4 个师的 55 个团场。1998 年，塔里木河流域总人口 826 万人，其中少数民族占流域总人口的 85%，是以维吾尔族为主体的少数民族聚居区。塔里木河流域现有耕地 2 044 万亩，地区生产总值 350 亿元。总体上看，塔里木河流域有五个基本特点：

从最长的源流叶尔羌河算起，塔里木河全长 2 486 km，是我国最长的内陆河；塔里木河流域总面积 102 万 km^2，占我国国土面积 11%，是我国最大的内陆河流域；塔里木河流域远离海洋，距离最近的印度洋 2 200 km，且被高山阻隔，是我国最干旱和生态环境最脆弱地区之一；塔里木河流域远离内陆，1999 年全流域农村人均收入不足 1 000 元，远低于全国和新疆的平均水平，是全国最边远贫困的少数民族地区之一；塔里木河流域土地、光热和石油天然气资源十分丰富，是我国重要的棉花生产基地、石油化工基地，最充满希望和发展潜力的地区之一。

（二）塔里木盆地区域地质状况

塔里木盆地位于新疆维吾尔自治区南部，介于天山、昆仑山与阿尔金山之间，面积达 56 万 km^2，人称"死亡之海"的塔克拉玛干沙漠面积达 33 万 km^2。塔里木盆地是一个典型的长期演化的大型叠合复合盆地，其发育在太古代至早中元古代的结晶基底与变质褶皱基底之上，震旦系构成了盆地的第一套沉积盖层。在震旦纪至第四纪，塔里木盆地经历了复杂的构造演化历史。为了揭示这一复杂的地球动力学演化过程，前人从板块构造环境及其演化，主要构造运动，区域不整合面，构造沉降史，以及构造变形与成因机制等出发，进行了卓有成效的探索，其中，有关应用构造-地层或构造-层序分析原理，研究相应时期的构造-沉积格架及盆地特点的方法获得了广泛应用。

（三）岩石鉴定

1. 玄武岩

玄武岩（basalt）属基性火山岩。主要成分是二氧化硅、三氧化二铝、氧化铁、氧化钙、氧化镁，以及少量的氧化钾和氧化钠，其中二氧化硅含量最多，约占 45% ~ 50%。玄武岩的颜色多为黑色、黑褐或暗绿色。因其质地致密，比重比一般花岗岩、石灰岩、砂岩、页岩都重。玄武岩结晶程度和晶粒的大小，主要取决于岩浆冷却速度。在地表条件下，玄武岩通常呈细粒至隐晶质或玻璃质结构，少数为中粒结构。玄武岩构造与其固结环境有关。陆上形成的玄武岩，常呈绳状构造、块状构造和柱状节理。而气孔构造、杏仁构造也可能出现在各种玄武岩中。

在爆发性火山活动中，炽热的玄武质熔岩喷出火口，随其着地前固结程度的差异，形成不同形状的火山弹：纺锤形火山弹、麻花形火山弹、不规则状火山弹，以及牛粪状、饼状、草帽状或蛇形和扁平状溅落熔岩团。

2. 沉积岩

沉积岩，又称水成岩，是3种组成地球岩石圈的主要岩石之一（另外两种是岩浆岩和变质岩）。沉积岩是在地表不太深的地方，将其他岩石风化产物和一些火山喷发物，经过水流或冰川的搬运、沉积、成岩作用形成岩石。在地球地表，70%的岩石都是沉积岩。其化学成分随沉积岩中主要造岩矿物含量差异而不同。

沉积岩由风化的碎屑物和溶解的物质经过搬运作用、沉积作用和成岩作用而形成，形成过程受到地理环境和大地构造格局的制约。对沉积岩形成的影响因素是多方面的，最明显的是陆地和海洋，以及盆地外和盆地内的古地理。

（四）土壤鉴定

1. 红壤

红壤（red soil）是发育于热带和亚热带雨林、季雨林或常绿阔叶林植被下的土壤。其主要特征是缺乏碱金属和碱土金属而富含铁、铝氧化物，呈酸性红色。红壤在中亚热带湿热气候常绿阔叶林植被条件下，发生脱硅富铝过程和生物富集作用，发育成红色、铁铝聚集、酸性、盐基高度不饱的铁铝土。

红壤是我国中亚热带湿润地区分布的地带性红壤，属中度脱硅富铝化的铁铝土。红壤通常具有深厚红色土层，网纹层发育明显，黏土矿物以高岭石为主。红壤可划分为5个亚类。

一般红壤中四配位和六配位的金属化合物很多，其中包括了铁化合物及铝化合物。红壤铁化合物常包括褐铁矿与赤铁矿等，红壤含赤铁矿特别多。当雨水淋洗时，许多化合物都被洗去，然而氧化铁（铝）最不易溶解（溶度积为10^{-3}），反而会在结晶生成过程中一层层包覆于黏粒外，并形成一个个的粒团，之后亦不易因雨水冲刷而破坏。因此，红壤在雨水的淋洗下反而发育构造良好。

2. 石灰土

石灰土（calcareous soil）是我国南方亚热带地区石灰岩母质发育的土壤，多为黏质，一般质地都比较黏重，剖面上或多或少有石灰泡沫反应，土壤交换量和盐基饱和度均高，土体与基岩面过渡面清晰，但土壤颜色却各不相同，常见的有红、黄、棕、黑4种。石灰土分为4个亚类。红色石灰土亚类多发育于厚层石灰岩古老风化壳，是风化淋溶最强、脱钙作用最深的石灰土，土体无石灰反应，酸碱度为中性。黑色石灰土亚类是零星分布于岩溶区的岩隙与峰丛间的A-R型土壤，黑色腐殖质层厚20~40cm，有机质含量5%~7%，脱钙程度低，土体有石灰反应，微碱性。棕色石灰土亚类性状介于前二者之间，无石灰反应或弱石灰反应。黄色石灰土亚类分布于海拔800m以上的山区，常与黄棕壤或黄壤交错分布，土体有黄化特征，中性反应。

3. 荒漠土

荒漠土（desert soil）分布于我国内蒙古、宁夏的西部，甘肃的河西走廊以及新疆全境的平原地区。根据水热条件的不同，我国荒漠分为两个地带：极端干旱的暖温带荒漠，主要分布于塔里木盆地；干旱的暖温带，主要分布于准噶尔盆地、河西走廊及阿拉善地区。

最早来荒漠地区进行土壤调查的是土壤学家马溶之，于1943—1945年先后在天山南北麓山前平原及博格达山北坡进行了土壤路线调查，并有专著发表。1946年土壤学家黄瑞采也曾沿南、北疆山前平原地区进行过短路线调查。马溶之分出了灰漠钙土和棕漠钙土，前者代表天山北麓平原的典型土壤，而后者则为天山南麓的山前平原的区域性土壤。

新中国成立后，国家在荒漠区展开了大量的土壤调查工作，开垦荒地建立大量的国营农场。1979年开始全国第二次土壤普查，肯定了原划分的三个荒漠地带性土类，即灰漠土、灰棕漠土及棕漠土，其中灰棕漠土是温带漠境与半漠境过渡地区的地带性土壤。

四、实习总结

通过岩石和土壤调查与评价实习活动，对这门课程的内容有了进一步了解，巩固课堂基本理论知识，引证、丰富已学过的专业课程内容，提高学生在生产实际中调查研究、观察问题、分析问题以及解决问题的能力，增强其对所学基础理论和专业知识的感性认识，加深对岩石和土壤的理解。

实习四 农业土壤的调查与观测

地点：塔里木河流域塔里木大学附近绿洲农田

一、实习意义

农业是我国国民经济的基础性行业，土壤既是农业生产的自然物质基础，也是人们农业生产的成果，土壤质量下降，降低农产品的生产效率，土壤污染危害人们的身体健康和生命安全。分析农业土壤状况，调查农户耕作情况，提高农业种植条件与技术，可保证农业的可持续发展。

二、实习目的

（1）观察农业土壤剖面结构，并与自然土壤剖面结构作比较，了解两者的不同之处。

（2）分析农业土壤在对农作物生长上的综合特点。

（3）完成对农户施肥状况的调查，进一步分析农作物耕作状况。

三、实习器材

军用铲、小刀、土袋、农户施肥状况调查表、笔、笔记本等。

四、实习内容

（一）农业土壤概述

农业土壤也叫耕作土壤，是在自然土壤的基础上，通过人类生产活动，如耕作、施肥、灌溉、改良等，以及自然因素的综合作用下而形成的土壤，如耕地、果园地等。耕地形成的主导因素是人类生产活动。耕地是劳动的产物，是农业生产最基本的生产资料。农业土壤在合理利用与改良的条件下，土壤肥力的发展速度会大大超过自然土壤。

（二）农业土壤剖面

1. 耕作层

耕作层是经耕种熟化的表土层，一般厚 15~20 cm，养分含量比较丰富，作物根系最为密集，呈粒状、团粒状或碎块状结构。耕作层常受农事活动干扰和外界自然因素的影响，其水分物理性质和速效养分含量的季节性变化较大。要使作物获得高产，必须注重保护与培肥耕作层。

2. 犁底层

犁底层是受农具耕犁压实，在耕作层下形成的紧实亚表层。犁底层又称"亚表土层"，是位于耕作层以下较为紧实的土层，由于长期耕作经常受到犁的挤压和降水时黏粒随水沉积所致。犁底层一般离地表 12~18 cm，厚约 5~7cm，最厚可达 20 cm。其结构多半为片状、大块状或层状结构，腐殖质显著减少，容重大，总孔隙度小且多毛管孔隙，造成土壤通气性差，透水性不良，根系下扎困难。然而，对耕作土壤来说，不太厚的犁底层对保持养分，保存水分还是非常有益的。但是犁底层过厚（20 cm）、坚实，对物质的转移和能量的传递，作物根系下伸，通气透水都非常不利，须采取深翻或深松办法，改造、消除犁底层。

3. 心土层

心土层是介于表土层和底土层之间的土层。

4. 底土层

底土层是土壤剖面下部的土层，或指深厚 B 层的下部，或指 B 层与 C 层过渡的层次，或指母质层，即位于心土层以下的土层。底土层一般位于土层表面 50~60cm 以下的深度。底土层受地表气候的影响很小，同时也比较紧实，物质转化较为缓慢，可供利用的营养物质较少。一般也把底土层的土壤称为生土或死土。

（三）土壤与农业

土壤的形成是由多方面因素诸如气候、地貌、水文、生物等因素驱动的，自然因素不是唯一形成土壤的要素，人类过去和现在的活动是影响土壤的主要因素之一，土壤既是人类劳动的对象也是劳动的成果。反言之，不是所有的土地都是适宜耕种的。

土壤是农业生态系统的组成要素，农业生态系统与自然生态系统不完全相同，土壤在农业生态系统中的地位和作用是多方面的，最为重要的是，土壤是农业生态系统组成部分和基底。科学发展至今天，尽管已出现无土栽培技术，但就农业而论，离开了土壤也就没有农业生态系统的存在。合理地管理农业生态系统可以维持、保养和提高土壤质量和功能，同样，不合理地管理农业生态系统也可以破坏、降低土壤的功能。

（四）农户施肥状况

农业土壤肥力的状况与人为干预措施是密不可分的，只有作深入细致的调查，才能合理利用农业土壤。调查需从农户施肥状况着手（见表 4-1、表 4-2），根据土壤所处的地理位置，了解当地的水系分布情况，最后完成当地农业土壤的调查与观测。

表 4-1 农户施肥状况调查表基本情况

农户编号：<u>1</u> 调查年度：<u>2011</u> 调查人：<u>第七组</u> 调查时间：<u>2011.12.21</u>

1.基本情况

调查地点	昆明市呈贡县乡村		
主要种植作物	油麦菜	生菜	芹菜
耕地面积/亩	半亩	半亩	半亩

2.本年度种植业产品销售情况

名称	总产量/吨	销售量/吨	售价/元·千克$^{-1}$	销售收入/元	备注
油麦菜	2~3	2~3	1~4	4 000~6 000	
生菜	2~3	2~3	1~4	4 000~6 000	
芹菜	2~3	2~3	1~4	4 000~6 000	

3.本年度购买肥料情况

名称	产地	养分含量/%	数量/千克	总价/元	备注
复合肥	/	/	500	1 500	
有机肥	/	/	500	1 500	

4.本年度购买农药情况

名称	使用时间	使用方法	使用次数
杀菌剂	生长初期	喷洒	2 次左右

5.种植业投入成本/元·亩$^{-1}$

作物	整地	播种	收割	脱粒	农药	肥料	种子	浇水	其他(人工)	合计
油麦菜	/	/	/	/	300 左右	1 500 左右	3 000 左右	150 左右	150 左右	10 000 左右
生菜	/	/	/	/	300 左右	1 500 左右	3 000 左右	150 左右	150 左右	10 000 左右
芹菜	/	/	/	/	300 左右	1 500 左右	3 000 左右	150 左右	150 左右	10 000 左右

表 4-2 农户施肥状况调查地块施肥情况

农户编号：<u>1</u> 调查年度：<u>2011</u> 调查人：<u>第七组</u> 调查时间：<u>2011.12.21</u>

地块名称： 土壤类型：<u>农业</u> 土壤质地：1 砂 2√壤 3 黏 面积：<u>半亩</u>

项目		第一季				第二季				第三季			
作物	作物名称	油麦菜				生菜				芹菜			
	作物品种					意大利							
	种植方式	1√单作，2 间作				1√单作，2 间作				1√单作，2 间作			
	总产/kg	2 000~3 000				2 000~3 000				2 000~3 000			
灌溉	次数	1	2	3	4	1	2	3	4	1	2	3	4
	数量/方												
	方式	1√漫灌，2 管灌，3 畦灌，4 沟灌，5√喷灌，6 滴灌				1√漫灌，2 管灌，3 畦灌，4 沟灌，5√喷灌，6 滴灌				1√漫灌，2 管灌，3 畦灌，4 沟灌，5√喷灌，6 滴灌			
	秸秆作用	1√还田，2√积肥，3 饲料，4 燃料，5 原料，6 焚烧，7 弃置乱堆，8 其他				1√还田，2√积肥，3 饲料，4 燃料，5 原料，6 焚烧，7 弃置乱堆，8 其他				1√还田，2√积肥，3 饲料，4 燃料，5 原料，6 焚烧，7 弃置乱堆，8 其他			
肥料施用情况	化肥	肥料名	复合肥				钾肥						
		养分含	N 8 ，P 5 ，K 22 ，（ ）_				N__，P__，K___，（ ）_						
		肥料用	1. 底肥　2.√追肥				1. 底肥　2.√追肥						
		施用方	溶水泼洒				溶水泼洒						
		肥料用量/亩·次	20~30kg				20~30kg						
	有机肥	肥料名	有机肥				农家肥						
		肥料用	1.√底肥　追肥				1.√底肥　追肥						
		施用方	溶水泼洒				溶水泼洒						
		肥料用量/亩·次	20~30kg				20~30kg						

实习五　无机肥料的定性鉴定

地点：农科楼土壤分析实验室

一、实习目的与意义

化学肥料是农业生产中不可或缺的重要资源。化肥出厂时都标有肥料的名称、成分、产地等，但在运输和贮存过程中，常因包装不慎或其他原因失去标记而混杂不清，导致对肥料的种类难以识别，使肥料得不到合理的施用。为了切实做好化肥的合理贮存、保管和施用，避免不必要的损失，必须了解肥料的品种、成分及理化性质。因此，应掌握无机肥料种类的鉴定方法。

二、方法原理

各种无机肥料都具有一定的物理和化学性质，如颜色、气味、结晶形状、吸湿性、溶解度和火焰的颜色反应等。根据这些特性，按其主要成分，就可以鉴定出化肥的种类、成分和名称。

三、仪器设备

试管 12 支（连架）、10mL 量筒、镊子、酒精灯、白瓷板、木式试管夹、火柴、玻棒、木炭、炭炉、火钳、肥料样本等。

四、所需试剂

石灰　10% HCl　1% HNO$_3$　2% AgNO$_3$　2.5% BaCl$_2$　8% NaOH　2% 四苯硼钠　35% Na$_3$Co（NO$_2$）$_6$　广泛 pH 试纸　钼酸铵硫酸盐溶液　氯化亚锡　二苯胺试剂　奈氏试剂　硝酸试粉　草酸铵水溶液　浓硝酸

五、操作步骤

1. 外形观察

（1）颜色。

氮肥：大部分为白色，个别为黑色，如石灰氮。

磷肥：颜色不一，如过磷酸钙为灰白色，磷矿粉为土黄色或黄褐色。

钾肥：一般呈白色，草木灰为灰白色。

钙肥：石灰、石膏为白色。

（2）形状。

大多数氮肥和钾肥为结晶形，如碳酸氢铵、硝酸铵、硫酸铵、尿素、氯化铵、硫酸钾、氯化钾、钾镁肥、磷酸二氢钾等。

磷肥和钙肥为非结晶形，一般为粉状，如磷酸钙、磷矿粉、钢渣磷肥、石灰氮等。

2. 溶解度

一般氮肥和钾肥易溶于水，磷肥和钙肥多半不溶于水。通过观察样品在水中的溶解性能，大体上可以把磷、钙肥从氮、钾肥中分辨出来。

取少许肥料样品，约 0.5g（半角勺）置于试管内，加 10~15mL 水，振摇，必要时在酒精灯上略微加温，以观察其溶解情况，加温后全部溶解者均属于可溶范围之内。

（1）易溶于水：溶解一半以上的肥料。如硫酸铵、尿素、硝酸铵、氯化铵、硫酸钾、氯化钾、硝酸钠、硫酸铵等。

（2）微溶或难溶于水：溶解部分不到一半的肥料。属微溶于水的有过磷酸钙、重过磷酸钙、硝酸铵钙等；属难溶于水的有钙镁磷肥、沉淀磷酸钙、钢渣磷肥、脱氟磷肥、磷矿粉、石灰氮等。

3. 气味

有几种肥料有特殊气味，有氨臭的是碳酸氢铵，有电石臭的是石灰氮，有刺鼻酸味的是过磷酸钙，其他肥料一般无气味。

4. 与碱作用

取肥料半小匙（约 1g）于试管中，加蒸馏水 5mL，摇动，使肥料溶解，加入氢氧化钠溶液 4 滴，在试管口放入一片已用蒸馏水润湿了的 pH 试纸，可见试纸变蓝，证明有氨气放出，或可闻到氨味。

5. 火焰反应（将肥料样品放在燃烧的木炭上加热，观察其变化）

（1）在烧红木炭上，有少量熔化，有少量跳动，冒少许白烟，可嗅到氨味，有残烬的是硫酸铵。

（2）在烧红木炭上迅速熔化，冒大量白烟，有氨味的是尿素。

（3）在烧红木炭上不易熔化，但有较多白烟，初时嗅到氨味，以后又嗅到盐酸味的是氯化铵。

（4）在烧红木炭上边熔化边燃烧、冒白烟、有氨味的是硝酸铵。

（5）在烧红木炭上无变化但有爆裂声，无氨味的是氯化钾、硫酸钾或磷酸二氢钾。

6. 化学反应

（1）气泡反应：取固体肥料放在白瓷板孔穴中，滴入 10%HCl，含 $CaCO_3$ 较多的如石灰、石灰氮、磷矿粉等便发生气泡。

（2）钾离子（K^+）的鉴定：取少量肥料于试管中，加蒸馏水 5mL 溶解后，再加入 2%四苯硼钠试剂 2~3 滴，如出现白色沉淀，就证明有 K^+ 存在。

（3）硫酸根离子（SO_4^{2-}）的鉴定：取少量肥料于试管中，加蒸馏水 2mL 溶解后，再加入 2.5%氯化钡溶液 2~3 滴，如出现白色沉淀，就证明有 SO_4^{2-} 存在。其反应式如下：

$$SO_4^{2-}+BaCl_2 \rightarrow BaSO_4 \downarrow +2Cl^-$$

（4）氯离子（Cl^-）的鉴定：取少量肥料于试管中，加蒸馏水 2mL 溶解后，再加入 2%硝酸银溶液 2~3 滴，有絮状白色沉淀者为含 Cl^- 的样品。其反应式如下：

$$Cl^-+AgNO_3 \rightarrow AgCl \downarrow +NO_3^-$$

（5）磷酸根离子（PO_4^{3-}）：取 3 支试管，放入待测肥料约 0.5g，并分别在 3 试管中加入水、2%柠檬酸、1%柠檬酸，充分摇动 1~2 min 后，过滤，分别取滤液约 2mL 于干净试管中，各加入钼酸铵硫酸盐溶液 1mL（即 20 滴），摇匀，在文火中缓慢加热，至微烫手（50℃~60℃）为止，观察各试管内溶液的变化。如有黄色沉淀产生的，说明滤液中有 H_3PO_4 存在。

（6）尿素的鉴定：尿素与上述试剂不起反应，但是它能与浓硝酸作用，生成硝酸尿素白色细小结晶。取少量肥料于表玻璃上，稍加水使其溶解，再加浓硝酸 2~3 滴，如出现白色细小结晶，此肥料即为尿素。

六、实习结果分析

鉴定硫酸铵、硝酸铵、尿素、普钙、钙镁磷肥、氯化钾、硝酸钾、硫酸钾等 8 种不同肥料。

无机肥料鉴定流程及鉴定结果见图 5-1。

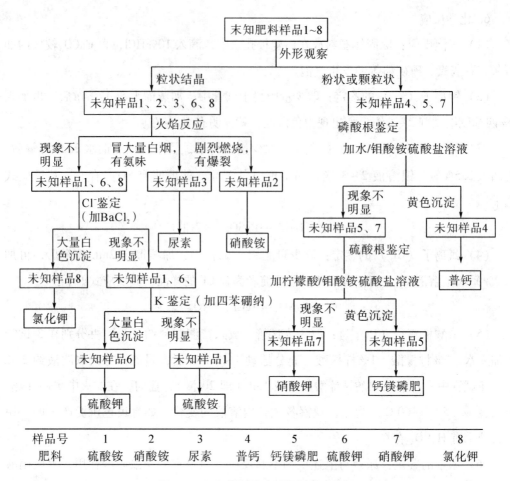

图 5-1　无机肥料鉴定流程及鉴定结果

七、实习总结

通过对无机肥料的定性鉴定试验，让学生加深了对所学课程的了解和掌握，巩固课堂理论知识，同时能紧密联系实际，在将来的工作中，能更有效地服务农业生产实际。

实习六　实习心得书写范文

通过几天的实习，收益颇多。从原先只了解土壤理论知识到今天实践，清楚直观地重新认识了土壤。本次实习令我们加深了对所学课程的了解，更深刻地认识到了学习该课程的意义，巩固了学习成果，体会了"学以致用"的道理。知识从感性认识升华到了理性认识，从抽象变得更加具体，学习到了很多书上没有的东西，了解土壤肥料学对农业生产实际的重要性。初步了解了西山等地主要地质地貌和所发育而成的土壤类型。在这里深深地感谢老师们的认真指导。

从岩石发育到土壤要经历一个漫长的阶段，且随着风化作用的进行，也在不断发生发育。气候、植物、动物、人为因素对土壤的影响也非常巨大。同一个地方的土壤性质不会相差太大，受温度、母岩、环境的影响，地区和地区之间的土壤分布也存在联系。因此，分析土壤不能凭空想象，要根据该土壤在该区域所处的大环境大背景加以分析。

每一种土壤都有适合生长的植物，植物也有适合自己生长的土壤。最优的选择是在适合的土质上种植适合的作物，如果不合适但又需要种植某些作物，就需要用一些人工的办法，如用化肥改变土壤养分含量，调节土壤 pH，灌溉水田，交叉种植等才能使作物增产提质。在实习中初步掌握了地质地貌考察和土壤调查的基本技能和方法。先要对考察对象做一定的了解，合理安排考察路程和考察内容，注意研究方法和工具的使用；在一些考察的细节上，要充分认识地质地貌考察和土壤剖面观测的必要性和艰苦性。

在自己动手实践一番后，我们对进行土壤剖面调查有了更深的体会，找好挖剖面的适合位置、大致的范围、挖的深度、是否垂直均关系着能否挖好一个剖面。不断在实践中总结技巧，灵活运用所学方法，这些不仅锻炼了本人的学习能力，也更加巩固了自己所学的理论知识。另外，我还懂得了和小组成员合作的重要性。这些都将对我们日后的学习和工作起到积极作用。

土壤肥料学是一门实践性很强的课程，仅仅依靠平时在课堂上听课学习是远远不够的，课外亲身实习，亲自去完成老师布置的实习任务，才能对这门课程有更深刻的理解，才能更加全面地提高自己的能力。

最后，在这里要感谢老师在课程实习过程中给予我们的帮助与指导。

实验（实习）报告的格式

实验（习）完毕，应该使用专门的实验（习）报告本，根据预习和实验（习）中的现象及数据记录等，及时而认真地写出实验（习）报告。土壤肥料学实验（习）报告一般包括以下内容：

（一）实验（习）目的。

（二）实验（习）原理：简要地用文字和化学反应式说明。对特殊仪器的实验装置，应画出实验装置图；对于性质实验，建议用列表法写报告。

（三）主要试剂和仪器：列出实验中所要使用的主要试剂仪器。

（四）实验（习）步骤：应简明扼要地写出实验（习）步骤流程。

（五）实验（习）数据及其处理：应用文字、表格、图形，将数据表示出来。根据实验（习）要求及计算公式计算出分析结果并进行有关数据和误差处理，注意有效数字，尽可能地使用记录表格式。

（六）问题讨论：包括思考题和对实验（习）中的现象等进行讨论和分析，尽可能地结合土壤肥料学中有关理论，以提高自己分析问题、解决问题的能力，也为以后的科学研究打下一定的基础。